高职高专计算机类专业教材·网络开发系列

U0129939

Web 编程基础（HTML+CSS）项目实战教程

高丽霞　主　编

徐新艳　主　审

柴大鹏　张　静　王　宏　副主编

电子工业出版社

Publishing House of Electronics Industry

北京·BEIJING

内 容 简 介

本书根据技术应用型人才的培养目标，以一个企业生产性项目"新闻网"的设计制作贯穿始终，将课程内容整合、序化为 8 个教学模块、26 个开发任务、63 个案例、28 个实训操作任务、3 个企业典型综合项目，采用由易到难、螺旋递进的方式详细讲解了 Web 前端开发技术，并介绍了 HTML 和 CSS 的基础知识和使用技巧。

本书内容主要包括 Web 前端开发的相关概念、网站的设计与策划、开发工具的使用、文本图像的创建、CSS 样式对页面的美化、列表的典型应用、各种超链接的创建、表格和表单的应用，以及 DIV+CSS 页面布局等实用技术，覆盖了"1+X 证书"Web 前端开发职业技能中 HTML+CSS 的基本知识点，同时根据教学模块主题，融入了思政教育内容，将立德树人、课程思政等元素穿插到教学内容中，润物细无声，使学习者掌握专业技能的同时，完成全方位育人的重任。。

本书是一本从零开始学习 Web 前端开发技术的教材，无须读者具有任何编程基础。本书既可作为高等院校本、专科计算机及相关专业的网页设计与制作课程的教材，又可作为 Web 前端开发学习班的培训教材或网页制作爱好者的参考书。

未经许可，不得以任何方式复制或抄袭本书之部分或全部内容。

版权所有，侵权必究。

图书在版编目（CIP）数据

Web 编程基础（HTML+CSS）项目实战教程 / 高丽霞主编. —北京：电子工业出版社，2022.7

ISBN 978-7-121-43828-8

Ⅰ. ①W… Ⅱ. ①高… Ⅲ. ①超文本标记语言－程序设计－高等学校－教材②网页制作工具－高等学校－教材 Ⅳ. ①TP312.8②TP393.092.2

中国版本图书馆 CIP 数据核字（2022）第 110218 号

责任编辑：左　雅　　　　　　特约编辑：田学清
印　　刷：三河市鑫金马印装有限公司
装　　订：三河市鑫金马印装有限公司
出版发行：电子工业出版社
　　　　　北京市海淀区万寿路 173 信箱　　　　邮编：100036
开　　本：787×1092　　1/16　　印张：18.5　　字数：473.6 千字
版　　次：2022 年 7 月第 1 版
印　　次：2022 年 7 月第 1 次印刷
定　　价：58.00 元

随着"互联网+"理念在各个领域的深入应用,产生了对 Web 软件的大量需求,这使得前端工程师的地位越来越重要,而 HTML、CSS 是 Web 前端开发的必备基本技能。Web 编程基础的教学主要培养前端开发工作岗位要求的高素质技术/技能人才,尤其注重培养解决实际问题的能力和创新能力。鉴于此,本书在编写中重点突出以下特点。

1. 采用企业生产性项目贯穿始终

本书以一个企业生产性项目"新闻网"为载体,将课程内容整合、序化为 8 个教学模块、26 个开发任务。其同步开展的 28 个实训操作任务,使用项目"班级网站"贯穿,以达到讲练结合、强化训练的目的。

2. 紧扣"1+X 证书"职业技能标准要求

为了紧密对接 Web 前端开发企业人才需求及"1+X 证书"职业技能标准要求,本书内容覆盖了"1+X 证书"Web 前端开发职业技能中 HTML+CSS 的基本知识点,以及 Web 前端编码、测试、技术服务等岗位的基本技能点。

3. 融入课程思政,注重素质教育

本书内容的设计全面贯彻"立德树人""文化育人""思政育人"的教学理念。在每个模块中,根据教学模块主题,在项目任务中融入家国情怀、文化认同、职业认同、诚信担当、工匠精神、绿色环保等思政教育内容,如盐入水,有味无痕,使学习者在掌握职业技能、提高解决实际问题能力的同时,全方位地完成"育人"的重任,为其职业生涯的可持续发展和终身学习奠定基础。

4. 突出能力培养,利于分层次提高

本书中每个教学模块都设计了"知识进阶"一节,内容包括知识拓展、技能拓展、开发经验技巧,或 1~2 个提高型的综合应用案例。这有利于提高学习者的综合应用能力,使学习者在知识和技能难度上进行延伸和突破,并且使学习能力强的学习者增加知识储备,提高专业技能。

5. 类型丰富的教学资源,便于开展教学

本书提供的教学资源主要包括课程标准、整体设计、单元设计、教学进度表、考核方案、学习指南、教案、电子课件、教学视频、典型案例、实训指导等。此外,还包括了新

知识/新技术进阶、任务拓展等，使课程资源既具有特色，又兼具适应产业发展的前瞻性。需要电子教学参考资料包的教师请登录华信教育资源网（http://www.hxedu.com.cn）注册后免费下载。

在本书中，"新闻网"的设计制作贯穿 8 个教学模块，其具体安排如下。

模块 1　网站的设计与策划，通过 4 个开发任务介绍网页、网站、服务器和客户端等基本概念，以及网页开发技术、网站设计策划流程和网页开发工具的基础知识。

模块 2　使用 HTML 技术制作"新闻网"中图文并茂的新闻页面，通过 3 个开发任务介绍网页结构的创建，添加网页文本内容，设置图文并茂的网页。

模块 3　使用 CSS 技术对"新闻网"中的新闻页面进行美化修饰，通过 3 个开发任务介绍 CSS 层叠样式表的使用，以及 CSS 控制页面中文本、字体、前景图、背景图的外观样式和盒子模型的使用。

模块 4　制作并修饰"新闻网"中的最新动态页面，通过 2 个开发任务介绍有序列表、无序列表、嵌套列表、定义列表，以及各种超链接的创建和 CSS 样式的设置。

模块 5　制作"新闻网"中的多媒体相册页面，通过 4 个开发任务介绍表格的创建、表格行列结构的调整、表格嵌套和音频、视频等多媒体元素的创建及 CSS 样式的修饰。

模块 6　制作"新闻网"中的会员注册页面，通过 3 个开发任务介绍表单的创建、CSS 样式的修饰，以及浮动框架在页面中的应用。

模块 7　制作"新闻网"的首页，通过 4 个开发任务，即首页整体布局分析设计、头部的实现、中间主体内容的实现和底部页脚版权的实现，介绍了网站页面的创建过程，以及使用 DIV+CSS 实现页面布局，使用 HTML 和 CSS 进行页面设计的方法。

模块 8　企业级项目综合应用，通过 3 个开发任务，即制作企业产品展示页面、制作新闻详情页面和制作用户登录页面，综合训练学习者的网页制作技能，以进一步提升学习者的网站设计开发能力。

同步进行的实训以学习者熟悉的"班级网站"展开，将 28 个实训操作任务贯穿于 8 个教学模块中，通过强化实践训练，培养学习者综合运用所学知识和技能进行网页设计制作的能力。

本书由高丽霞、柴大鹏、张静、王宏编写，由高丽霞担任主编并统稿。其中，柴大鹏编写模块 7 和模块 8 中的任务部分；张静编写模块 1、模块 2、模块 3 中的基础知识和小结部分，以及模块 4 中任务 1 的基础知识部分；王宏编写模块 4 中任务 2 的基础知识部分；其余部分由高丽霞编写。本书承山东电子职业技术学院徐新艳老师主审。

在制作过程中，本书的部分文字、图像、音频、视频等素材由孙骏雯、王梓人帮助搜集制作，在此表示衷心感谢！

限于编者水平，书中难免存在疏漏和不足，恳请同行、专家和广大读者不吝赐教。

编　者

2022 年 6 月

CONTENTS

目录

模块1 网站的设计与策划

孔子在《论语》中提到"工欲善其事，必先利其器"，就是说工匠如果想做好他的工作，一定要先使工具锋利，这句饱含哲理的古语几千年来一直都指导着人们的行动。在制作网页时，基础知识非常重要，选取合适的开发工具也尤为重要，而开发前的设计策划更是网站的灵魂所在。本模块正是从一个企业生产性项目"新闻网"的设计与策划出发，引领学习者走进网站制作的世界。"新闻网"的网站目录结构如图 1-1 所示。本模块的任务分解为"认识网页与网站""认识网页开发技术""设计策划网站""选择网页开发工具"。

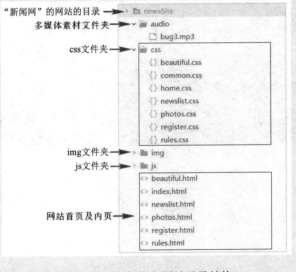

图 1-1　"新闻网"网站目录结构

【学习目标】

- 理解网页与网站的相关概念；
- 掌握 HTML、CSS、JavaScript 技术在网页设计中的作用；
- 掌握 HBuilderX 编辑工具的使用，能够灵活地创建完整的项目；
- 掌握常用的浏览工具及浏览 HTML 文档的方法。

1.1 任务1：认识网页与网站

【任务描述】

本任务主要是通过对概念的讲解，让学习者对网页与网站的基本概念有一个整体的认识，理解什么是网页，什么是网站，什么是服务器，什么是客户端。

1.1.1 网页与网站的相关概念

网站是指在 Internet 上根据一定的规则，使用 HTML 等制作的，用于展示特定的、内容相关的网页的集合。

网页是构成网站的基本元素，通常由文字、图片、超链接、视频等元素组成，网页的类型是一个 HTML 文档，常见的文件后缀名为.html 或.htm。网页的形式千姿百态，依据网页的位置，可以将网页分为主页和内页。主页是用户登录网站后看到的第一个页面，体现了网站的形象，是最重要的一页，也称为首页。内页是通过主页中的超链接打开的网页。

例如，访问迪士尼中国官网，在浏览器地址栏中输入网址，打开的第一个页面就是网站的首页，即主页，也就是向用户展示的主要内容，如图 1-2 所示。单击图 1-2 中的"商店"按钮，就会跳转到对应的商店页面，即网站的内页，如图 1-3 所示。

图 1-2　迪士尼中国官网的主页

图 1-3　迪士尼中国官网的商店页面

超链接是指从一个网页指向一个目标的连接关系，这个目标可以是另一个网页，也可以是相同网页上的不同位置，还可以是图片、电子邮件地址、文件，甚至可以是一个应用程序。超链接在本质上属于网页的一部分，实现了用户跳转访问到其他网页或站点内其他位置的功能，是各个网页之间进行连接的元素。只有各个网页连接在一起，才能真正构成一个网站。

HTTP 是 Hypertext Transfer Protocol 的缩写，中文含义为超文本传输协议，是用于从万维网服务器传输超文本到本地浏览器的传输协议。

WWW 是 World Wide Web 的缩写，中文含义为万维网，是 Internet 的最核心部分。它是 Internet 上支持 WWW 服务和 HTTP 协议的服务器集合。WWW 在使用上分为 Web 客户端和 Web 服务器，用户通过使用 Web 客户端访问 Web 服务器上的页面。

本书以一个企业生产性项目"新闻网"的设计制作贯穿始终，该网站包括首页 index.html 和 4 个内页，分别是图文并茂的新闻页面 beautiful.html、最新动态页面 newslist.html、多媒体相册页面 photos.html 和会员注册页面 register.html。在首页中页面的连接关系设置如图 1-4 所示，其他内页中都有导航或超链接，可以相互跳转访问。

图 1-4　"新闻网"首页中的连接关系

1.1.2　服务器与客户端

服务器（Server）是为客户端（Client）服务的，作用是接收客户端提出的服务请求，对其进行相应的处理，再将结果返回给客户端浏览器。它服务的内容包括向客户端提供资源、保存客户端的数据等。服务器允许多个用户同时访问，这就对服务器的性能提出了较高的要求。客户端也称用户端，与服务器相对应，作用是将用户的要求提交给服务器，再将服务器返回的结果以特定的形式通过客户端浏览器解析后显示给用户。二者的关系如图 1-5 所示。

例如，当用户想要访问网站的内容时，应该首先在本地计算机上打开浏览器，然后在浏览器的地址栏中输入要访问网站的网址，浏览器将访问的请求发送给网站的服务器，服务器做出响应，将用户请求的网页文件发送到用户的计算机上，客户端浏览器对接收的网页文件进行解析，显示成通常看到的网页。在这个过程中，用户使用的本地计算机被称为"客户端"，提供网页文件的远程计算机被称为"服务器"。

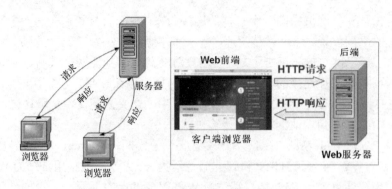

图 1-5　服务器与客户端的关系

1.2　任务 2：认识网页开发技术

【任务描述】

本任务主要是通过对 Web 前端概念的讲解，让学习者对 Web 前端开发技术有一个整体的认识，了解制作 Web 标准网站的基础知识和 Web 前端开发所需的技术基础。网页核心开发技术如图 1-6 所示。

图 1-6　网页核心开发技术

1.2.1　Web 前端的概念

Web 开发主要分为 Web 前端开发和 Web 后端开发两部分。Web 前端，是指直接与用户接触的网页，最初的 Web 前端开发是指浏览器端网页的设计开发；而把服务器端称为 Web 后端，Web 后端开发是指服务器端的程序编写，包括程序、数据库和服务器层面的开发。

随着互联网技术的发展，Web 前端早已不只应用于计算机浏览器端的网页开发领域，还应用于移动端网页、手机 App、智能电视、智能手表，以及人工智能等领域。

Internet 上供外界访问的 Web 资源分为静态 Web 资源和动态 Web 资源。静态 Web 资源是指 Web 页面中供用户浏览的数据是始终不变的，如 HTML 静态页面。动态 Web 资源是指 Web 页面中供用户浏览的数据是由程序产生的，在不同时间访问 Web 页面看到的内容各不相同。

同时，Web 开发还具有五大特点。

（1）图形化：可以在网页上同时显示色彩丰富的图形和文本，可以将图形、音频、视频等多媒体集一体显示。

（2）与平台无关：无论是 Windows 还是 UNIX 等操作系统，只要安装了浏览器，就可以通过 Internet 访问 WWW，与操作系统平台无关。

（3）分布式：信息可以被放在不同的站点上，只需要在浏览器中指明这个站点就可以，从用户的角度看这些信息是一体的。

（4）动态：动态不是指网页中包含动画，而是指信息的动态性及网页的交互性。信息内容是经常动态更新的，信息的提供者经常不断更新站点的内容。

（5）交互：交互首先表现在它的超链接上，用户浏览网页不是根据网站的安排从上到下、逐条顺序访问的，而是根据自己的喜好，通过单击网页中的超链接内容向网站发出访问页面请求，超链接跳转到相应页面做出响应，实现网站与用户之间的交互。同时，网页中的表单也是网站和用户之间进行交互的重要方式。

1.2.2　Web 前端开发技术

HTML、CSS 和 JavaScript 是网页设计的三大核心技术，在网页设计中扮演着重要的角色。

1. HTML

HTML 是 Hyper Text Markup Language 的缩写，中文含义为超文本标记语言，是用来描述网页的一种标记语言。可以通过 HTML 标记对网页中的文本、图片、多媒体等内容进行描述，告诉浏览器如何显示这些内容。例如，通过浏览器打开搜狐网站首页，看到的页面效果如图 1-7 所示。

图 1-7　搜狐网站首页

在页面上右击，在弹出的快捷菜单中选择"查看源文件"或"查看网页源代码"命令，可以看到网页文件的源文件如图 1-8 所示。

例如，图 1-8 中，左侧是我们通过浏览器看到的导航栏，右侧是 Web 编程人员使用 HTML 标记编写的网页源文件，浏览器将图中右侧的网页源文件解析为左侧我们经常看到的精美的、图文并茂的、炫酷的、交互的，集文本、图像、音频、视频、动画等多种媒体于一体的网页形式。

图 1-8　查看搜狐网站首页源文件

需要说明的是，HTML 被称为超文本标记语言，不是编程语言。

2. CSS

CSS 是 Cascading Style Sheets 的缩写，中文含义为层叠样式表，是一种表现语言，主要用于网页的风格设计，如设置 HTML 页面中的文本内容（如字体、字号、颜色等）、版面的布局和外观显示样式。CSS 用于美化 HTML 内容、布局网页结构、统一网站风格，最大价值是将网页内容与样式分离。在 HTML 中加入 CSS，可以使网页展现更丰富的内容。

3. JavaScript

JavaScript 是网页中的一种脚本语言，最早是在 HTML 网页上使用的，用来为 HTML 网页增加动态功能。目前，JavaScript 被广泛用于 Web 应用开发，常用于为网页添加各种各样的动态功能，为用户提供更流畅美观的浏览效果。通常情况下，JavaScript 脚本是通过嵌入 HTML 实现自身的功能，如实现网页的动态性、交互性。

【例 1-1】制作网页中的"查看"按钮

（1）在计算机中打开"记事本"应用程序，输入 HTML 程序源代码，如图 1-9 所示。

【例 1-1】制作网页中的
"查看"按钮

（2）选择"文件"→"另存为"命令，将文件保存为 button.html，其中必须将扩展名中默认的.txt 更改为.html，这样创建的就是一个网页文件，如图 1-10 所示。

图 1-9　程序源代码

图 1-10　文件另存为

（3）关闭文件，在文件保存位置找到 button.html 文件，可以看到文件图标为计算机上默认的浏览器图标。如图 1-11 所示，此处文件图标为谷歌浏览器图标。双击该图标，浏览器会打开该网页文件，可以看到通过 HTML 标记创建的网页按钮效果，如图 1-12 所示。

图 1-11　文件图标　　　　　　　　　　　图 1-12　网页按钮效果

（4）在 button.html 文件上右击，在弹出的快捷菜单中选择"打开方式"命令，在弹出的下一级子菜单中选择"记事本"命令，如图 1-13 所示。使用"记事本"应用程序重新打开该文件，可以对该文件继续进行编辑。

图 1-13　使用"记事本"应用程序打开网页文件

（5）向文件中继续添加 CSS 程序代码，对"查看"按钮进行美化修饰，代码如图 1-14 所示。运行效果如图 1-15 所示。

（6）向文件中继续添加 JavaScript 程序代码，实现对按钮添加单击事件，代码如图 1-16 所示。

当用户单击"查看"按钮时，弹出消息对话框显示"hello world."，运行效果如图 1-17 所示。

在本例中，首先通过 HTML 标记在网页中创建了"查看"按钮，然后应用 CSS 样式对按钮进行了美化修饰，最后为按钮添加了 JavaScript 脚本程序，使得按钮具备了单击功能。

当用户单击"查看"按钮发出请求时，网站通过弹出"消息对话框"的方式将信息内容显示给用户，从而使网站通过按钮与用户之间进行简单的交互处理。本例中的代码，在后面的模块中将会逐步详细介绍，此处旨在使学习者体会网页设计中三大核心技术的作用。

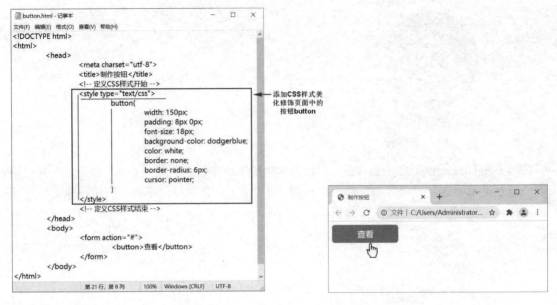

图 1-14　添加 CSS 程序代码　　　　　　　　　　图 1-15　按钮运行效果

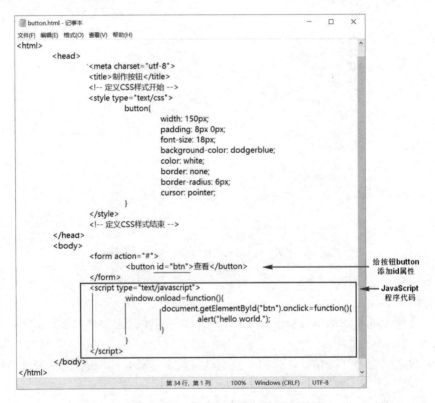

图 1-16　添加 JavaScript 程序代码

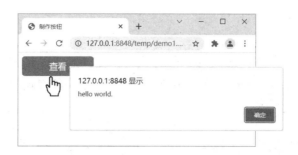

图 1-17　单击按钮的运行效果

在此需要说明，代码中使用的所有标点符号，必须是英文半角的形式。

1.3　任务 3：设计策划网站

【任务描述】

本任务主要对网站的规划、设计、创建和制作流程进行总体介绍，让学习者了解创建网站的开发步骤和设计原则。

1.3.1　网站设计原则

1. 网页布局

常用的网页布局方式包括上中下结构、左右对称结构、国字型结构和川字型结构等。下面主要介绍国字型结构布局和川字型结构布局。

1）国字型结构布局

国字型结构布局最上面是网站的 Logo、导航栏及 Banner 广告；接下来是网站的主要内容，左右分列，中间是主要内容区域；最下面是网站的一些基本信息，如版权信息、联系方式等，如图 1-18 所示。

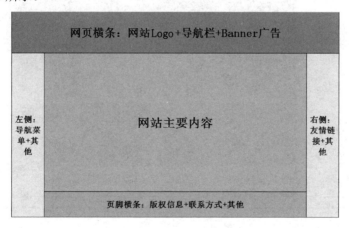

图 1-18　国字型结构布局

2）川字型结构布局

川字型结构布局将整个页面从左向右分为 3 列，宛如"川"字的 3 个笔画，网站的内容按栏目分布在这 3 列中，最大限度地突出了主页的索引功能。例如，搜狐网站采用川字型结构布局，如图 1-19 所示。

网站Logo

导航栏

Banner广告

川字型结构
布局

图 1-19　川字型结构布局

本书将要制作的"新闻网"首页自上而下，采用简洁的上中下结构，最上面是导航栏，中间为内容主体区，下面是版权区，如图 1-20 所示。

导航栏

内容
主体区

版权区

图 1-20　"新闻网"首页布局

2．网页配色

网页色彩搭配的原则，主要有以下几点。

（1）色彩的鲜明性：如果一个网站的色彩鲜明，很容易引人注意，就能给浏览者耳目一新的感觉。

（2）色彩的独特性：网页的用色必须有自己独特的风格，这样才能给浏览者留下深刻的印象。

（3）色彩的艺术性：在考虑网站本身特点的同时，应大胆地进行艺术创新，设计出既符合网站要求，又具有一定艺术特色的网站。

（4）色彩搭配的合理性：色彩根据主题来确定，不同的主题选用不同的色彩。

网页色彩搭配的方法，主要有以下几点。

（1）同种色彩搭配：先选定一种色彩，然后调整色彩的透明度和饱和度，将色彩变淡或加深，产生新的色彩，这样的页面看起来色彩统一，具有层次感。

（2）邻近色彩搭配：色环上相邻的颜色，如在计算机 Photoshop 中的红绿蓝（RGB）色环上，红色和黄色互为邻近色，这样的页面看起来色彩丰富，但没有强烈的视觉冲击感。

（3）对比色彩搭配：可以突出重点，产生强烈的视觉效果。

（4）暖色色彩搭配：使用红色、黄色、橙色等色彩进行搭配。

（5）冷色色彩搭配：使用绿色、蓝色、紫色等色彩进行搭配。

（6）主色的混合色彩搭配：以一种颜色为主，同时辅以其他色彩混合搭配。

1.3.2　网站制作流程

网站制作流程大致可以分为规划与准备阶段，网页设计与制作阶段，网站测试、发布和维护阶段 3 个阶段。

1．规划与准备阶段

（1）决定主题，即确定网站的用途。主题要小而精，题材最好是自己擅长或喜爱的内容，要新颖且符合自己的实际能力。

（2）收集资料和素材。网页中常用的素材种类有文字、图片、音频、视频和动画等。网站的素材选择要与网站的主题和风格密切相关，并且在收集素材时要考虑是否涉及侵犯他人版权等问题。

（3）规划网站结构。网站由几个主要的栏目组成，这些栏目是网站的核心内容，体现了网站的核心价值。

2．网页设计与制作阶段

（1）对网站风格有一个整体定位，主要包括网站 Logo、网页标题、导航栏、网页文字、版面设计、网页配色。

（2）设计首页、二级栏目页及内容页。

（3）利用超链接把各个页面有机地整合到一起。

"新闻网"网站的目录结构如图 1-21 所示。

3．网站测试、发布和维护阶段

网站测试阶段一般是在本地计算机上模拟服务器进行测试的。测试好后，如果有服务器，可以直接发布；如果没有服务器，可以从网上租赁空间发布。对已发布的网站，每隔一段时间需要定期进行内容的维护和更新，以便提供最新信息，吸引更多的用户。

图 1-21　"新闻网"网站的目录结构

1.4　任务 4：选择网页开发工具

【任务描述】

本任务主要让学习者了解网页的本质是纯文本文件，可以用任何文本编辑器制作网页。目前流行的专业网页开发工具有很多，但出于专业需要，为了打牢编程基础，在学习初期，建议使用 Editplus 或记事本，以增强代码感。在学习后期，为了提高网页制作效率，可以借助专业的网页开发软件制作网页。

1.4.1　编写工具

在网站的应用开发过程中，为了开发方便，经常选择比较快捷的开发工具，如 EditPlus、Dreamweaver、Sublime、HBuilder 等，如图 1-22 所示。目前，出现了比 HBuilder 更好的开发工具是 HBuilderX。本书中，采用的编写工具是 HBuilderX。

图 1-22　网页开发工具

1. HBuilderX 的下载与安装

HBuilderX 可以在官网上免费下载。HBuilderX 目前有两个版本，一个是 Windows 版，一个是 macOS 版。下载时，可以根据自己计算机的操作系统，选择合适的版本。下载后，解压缩，无须安装，双击运行可执行文件 HBuilderX.exe，即可启动 HBuilderX 开发环境，如图 1-23 所示。

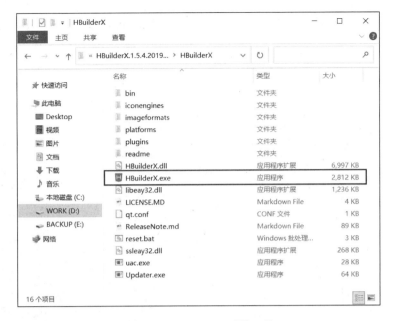

图 1-23　HBuilderX 开发工具

2. 新建 Web 项目

在 HBuilderX 开发环境中，新建 Web 项目的方法是：启动 HBuilderX 后，选择"文件"→"新建"→"项目"命令，或在窗口中单击"新建项目"按钮，如图 1-24 所示。

图 1-24　新建 Web 项目

在打开的"新建项目"对话框中（见图 1-25），选择"普通项目"选项卡，在"项目名称"输入框中输入项目名称 ex1-1，单击"浏览"按钮，选择项目的保存位置，在"选择模板"选区中，选择"基本 HTML 项目"选项，单击"创建"按钮，即可完成 Web 项目的创建。

HBuilderX 编辑环境比较简单，左侧是项目管理器，右侧是代码编辑区。在编辑器左侧的资源管理器中，出现新建的 Web 项目 ex1-1。该项目包含 3 个目录（目录名分别为 css、img、js）和 1 个 index.html 文件，如图 1-26 所示。其中，css 目录存放 css 层叠样式表文件，img

目录存放图片素材，js 目录存放 JavaScript 脚本文件，index.html 文件一般是网站的首页文件。

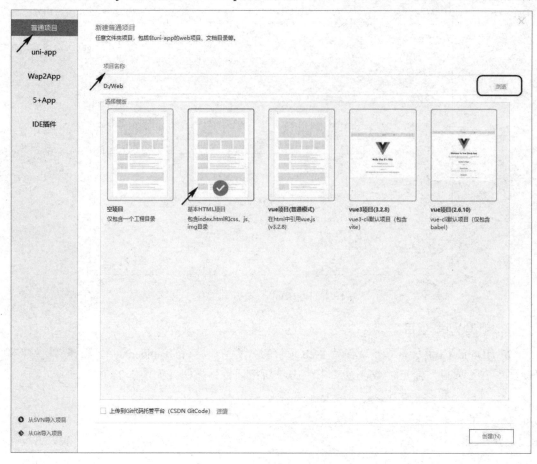

图 1-25　"新建项目"对话框

图 1-26　新建项目的目录结构

3. 新建 HTML 文件

新建 HTML 文件的方法是，在 HBuilderX 编辑器左侧的资源管理器中，右击新建的项目（如 ex1-1），在弹出的快捷菜单中，依次选择"新建"→"html 文件"命令，即可打开"新建 html 文件"对话框，如图 1-27 所示。

图 1-27　"新建 html 文件"对话框

在默认的 new_file.html 输入框中输入新建 HTML 文件的名称，单击"浏览"按钮，选择保存位置；单击"创建"按钮，会在右侧编辑区中打开新建的 HTML 文件，出现代码。HTML 文档结构如图 1-28 所示。

图 1-28　HTML 文档结构

4．新建 CSS 文件

新建 CSS 文件的方法与新建 HTML 文件的方法类似。在左侧的资源管理器中，右击新建的项目，在弹出的快捷菜单中，依次选择"新建"→"css 文件"命令，打开"新建 css文件"对话框，如图 1-29 所示。输入新建 CSS 文件的文件名，单击"创建"按钮，即可创建一个空的 CSS 文件。在该文件中可以编写 CSS 样式代码。

图 1-29　"新建 css 文件"对话框

1.4.2　浏览工具

浏览器是网页运行的平台，常用浏览器主要有 Firefox、Chrome、Safari、Opera 和 Microsoft Edge，这 5 类浏览器的图标如图 1-30 所示。对页面设计而言，浏览器的支持情况至关重要，各大浏览器对 HTML 的支持正在不断完善。目前，Chrome 对 HTML5 的支持最好。

图 1-30　常用浏览器

为了方便浏览网页效果，HBuilderX 中自带了 Web 浏览。在 HBuilderX 编辑环境中，打开集成的 Web 浏览器的方法是选择"视图"→"显示内置浏览器"命令，可在右侧看到"Web 浏览器"对话框，用户可以通过该对话框浏览网页的显示效果，或直接单击工具栏右侧的"预览"按钮来浏览网页的显示效果，如图 1-31 所示。

图 1-31　浏览网页的显示效果

此外，要预览页面的效果，还可以使用计算机上已安装好的 Web 浏览器。其方法是单击"运行"按钮，选择安装好的任何一个浏览器，即可打开相应的浏览器浏览网页的效果，或单击工具栏上的图标 ⊳，选择安装好的任意浏览器浏览网页文件。

1.5　知识进阶

为了提高程序的规范性，提高团队的合作意识，提高程序的开发效率，本节介绍文件编写的规范和使用 HbuilderX 快速开发网页的方法。

1. 文件命名规范

为了更好地进行团队协作，便于程序的后期优化与维护，提高程序的可读性，文件、文件夹的命名需要有统一的命名规范。

（1）文件名称中可包含的字符。

文件名称一般统一使用小写字母、数字、下画线的组合，不能以数字开头，组合中不能包含汉字、空格、加号、感叹号等特殊字符。

（2）命名语义化和简明化。

文件名语义化，最好能"见名知义"，看见名称就知道文件的含义，知道文件包含的内容，如相册网页命名为 photos.html、新闻网页命名为 news.html、会员注册网页命名为 register.html 等。这样不仅有助于团队成员理解文件的意义，提高程序的可读性，而且有助于进行文件的排序、查找等操作。

（3）HTML 文件的命名规范。

静态网页中首页（或主页）的名称一般命名为 index.html 或 default.html，其他子页面一般以栏目名称的英文单词命名，如"关于我们"子页面命名为 aboutus.html 等。

如果栏目名称复杂，可以使用栏目名称的中文拼音或拼音的首字母命名，如"调查问卷"子页面命名为 dcwj.html 等。

2．文件管理规范

一张网页中要包含图像文件、CSS 文件、JavaScript 文件和多媒体文件等多种类型文件，故网站根目录下应建有 img 文件夹、css 文件夹、js 文件夹和 media 文件夹等，分别用于分类存放网站中的图像文件、CSS 文件、JavaScript 文件和多媒体文件，如图 1-32 所示。

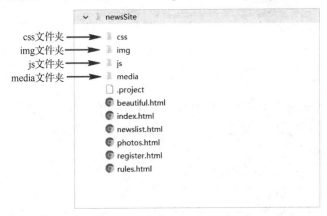

图 1-32　文件管理

3．HbuilderX 快速输入代码技巧

（1）使用联想功能自动生成代码组合。

例如，在<body>中输入 h，HbuilderX 语法助手会根据开头字母自动联想生成以字母 h 开头的列表，如图 1-33 所示。此时通过键盘上的上下箭头方向键选择需要的标签<h1>，直接按 Enter 键，代码块将自动生成<h1></h1>代码组合。

（2）在<body>中输入 div.main，按 Tab 键，将快速生成如下代码：

```
<div class="main"></div>
```

（3）在<body>中输入 div#main，按 Tab 键，将快速生成如下代码：

```
<div id="main"></div>
```

（4）在<body>中输入 ul>li*3>a[href="#"]{条目}，按 Tab 键，将快速生成代码：

```
<ul>
    <li><a href="#">条目</a></li>
```

```
    <li><a href="#">条目</a></li>
    <li><a href="#">条目</a></li>
</ul>
```

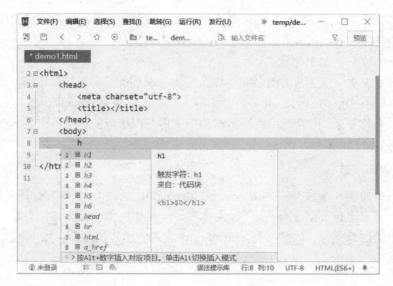

图 1-33　HbuilderX 的快速输入

4．常用的组合键

（1）将光标定位到要操作的代码行内任意位置，使用如下组合键。

- Ctrl + D：删除当前行的整行内容。
- Ctrl + C：复制当前行的整行内容。
- Ctrl + V：粘贴剪贴板中的内容。
- Ctrl + 上下箭头方向键：可将当前行的整行内容上移或下移。
- Ctrl + Enter：中途换行，不会影响该行光标后的内容，直接产生新行。
- Ctrl + Shift + Enter：向上换行，在当前行的上面产生一个新的空行。

（2）对当前文件进行操作，常用的组合键如下。

- Ctrl + S：保存当前文件。
- Ctrl + Shift+ S：将当前文件另存为。
- Ctrl + R：启动浏览器运行当前文件。
- Ctrl + Tab：可在打开的多个标签页之间切换。
- Ctrl + W：关闭标签页。
- Ctrl + K：重排代码格式。

1.6　小结

1．对网页与网站的基本概念有整体的认识，能够区分网页与网站、服务器与客户端的关系。

2．理解并掌握 Web 前端与 Web 后端的含义。Web 前端是指直接与用户接触的网页，网页上通常有 HTML、CSS、JavaScript 等内容；Web 后端更多是指与数据库进行交互以处理相应的业务逻辑和服务器层面的程序。

3．了解 HTML、CSS、JavaScript 是制作网页的三大法宝，它们在网页设计中各自扮演着不同的重要角色。HTML 是基础架构，CSS 用来美化网页、控制页面布局，JavaScript 用于实现网页的动态性和交互性。

4．通过赏析经典网页，了解各种类型网页的布局结构和色彩搭配，建立合理的网页结构布局。

5．了解网站制作流程的 3 个阶段，分别是规划与准备阶段、网页设计与制作阶段、网站测试发布和维护阶段。

6．网页的本质是纯文本文件，可以使用任何文本编辑器制作网页。为提高网页的制作效率，在制作网页时，可以借助专业的开发工具，主要有 EditPlus、Dreamweaver、HBuilderX 等。

7．在网页开发工具中，能够灵活地运用 HBuilderX 工具创建一个完整的 Web 项目，体验在 HBuilderX 环境下进行 HTML 的创建与浏览。

1.7　实训任务

【实训目的】

1．掌握网页与网站的概念；

2．掌握 Web 项目的创建方法；

3．掌握 HTML 文档的结构，会设计一个简单的网页；

4．掌握浏览 HTML 文档的方法；

5．了解 HTML、CSS 和 JavaScript 三大技术的合作开发。

【实训内容】

实训任务 1：创建班级网站页面结构

【任务描述】

创建网页结构的页面效果如图 1-34 所示。

图 1-34　班级网站页面效果

【实训任务指导】

1. 创建 Web 项目。启动 HbuilderX 开发工具，打开界面，进行 Web 项目的创建。

2. 新建 HTML 文件。在新建项目中，新建 HTML 文件，编写程序代码。

3. 浏览 HTML 文档。在 HTML 文件中，编写简单的网页，浏览网页的效果。

任务 1 实现的主要代码：

```
<!DOCTYPE html>
<html>
    <head>
        <meta charset="UTF-8">
        <title>班级网站</title>
    </head>
    <body>
        <h1>我们的班级网站</h1>
        <hr />
        <p>我们每时每刻都在追逐自己的梦想，并为之努力奋斗。</p>
    </body>
</html>
```

实训任务 2：制作班级学习交流页面

【任务描述】

制作班级网站中的学习交流页面，熟练掌握 HTML 文档的基本结构，掌握在网页中添加文本内容的方法，体会使用 CSS 样式修饰美化页面的方法，页面效果如图 1-35 所示。

图 1-35　班级学习交流页面效果

【实训任务指导】

1. 创建 Web 项目。启动 HbuilderX 开发工具，打开界面，进行 Web 项目的创建。

2. 新建 HTML 文件。在新建项目中，新建 HTML 文件，编写程序代码。

3．浏览 HTML 文档。在 HTML 文件中，编写简单的网页，浏览网页的效果。

任务 2 实现的主要代码：

```
<!DOCTYPE html>
<html>
    <head>
        <meta charset="UTF-8">
        <title>学习交流</title>
        <style type="text/css">
            body{
                margin: 0px auto;
            }
            div{
                width: 750px;
                border: 1px solid red;
                padding: 10px;
                margin: auto;
            }
        </style>
    </head>
    <body>
        <div>
            <h1>学习交流</h1>
            <h4>Class Study</h4>
            <hr />
            <h2>追梦青春</h2>
            <p>计算机软件一班　叶芽</p>
            <p>每一个人都有自己的梦想，小学、初中、高中、大学……我们每时每刻都在追逐
自己的梦想，并为之努力奋斗。</p>
            <p>在短暂又漫长的青春时光里，我们会找到自己的同伴，并和他们一起不断前行，
互相帮助，最终能够以自己的力量，在梦想的天空中自由翱翔，攀上人生的巅峰。在校的几年里，不应该
虚度光阴，应该用宝贵的青春年华，为自己的人生增添一抹绚丽的色彩。</p>
            <p>希望计算机软件班的同学们，能够在自己成长道路上绽放出耀眼的光芒！能够努
力拼搏，沿着梦想之路走向人生巅峰。让我们在追梦路上披荆斩棘，勇于创新，不断超越自我吧！</p>
        </div>
    </body>
</html>
```

实训任务 3：制作班级公告栏

【任务描述】

制作班级公告栏，使用 HTML 创建网页结构，使用 CSS 技术简单地修饰页面样式，通过<marquee>标记使公告内容自下而上地循环滚动，通过 JavaScript 程序代码响应光标操作。当光标在滚动字幕上悬浮时，字幕停止滚动；当光标离开滚动字幕时，字幕继续滚动。页面效果如图 1-36 所示。

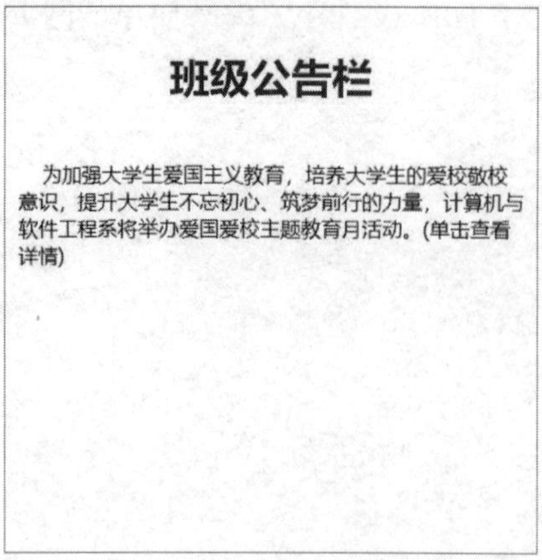

图 1-36　班级公告栏页面效果

【实训任务指导】

1. 创建 Web 项目。启动 HbuilderX 开发工具，打开界面，进行 Web 项目的创建。
2. 新建 HTML 文件。在新建项目中，新建 HTML 文件，编写程序代码。
3. 新建 CSS 文件。在新建项目的 CSS 目录中，新建 CSS 文件。
4. 浏览 HTML 文档。在 HTML 文件中，编写简单的网页，并浏览其效果。

任务 3 实现的主要代码：

```
<!DOCTYPE html>
<html>
    <head>
        <meta charset="UTF-8">
        <title>班级公告栏</title>
        <style type="text/css">
            body{
                margin: 0px auto;
            }
            div{
                width: 400px;
                height: 400px;
                margin: 0px auto;
                padding: 10px;
                border: 1px solid gray;
            }
            h1{
                text-align: center;
                color: red;
            }
        </style>
    </head>
    <body>
```

```
    <div>
        <h1>班级公告栏</h1>
        <marquee direction="up" height="300px" scrollamount="10" onmouseover=
"javascript:stop();" onmouseout="javascript:start();"> <p>    
  为加强大学生爱国主义教育，培养大学生的爱校敬校意识，提升大学生不忘初心、筑梦前行的力
量，计算机与软件工程系将举办爱国爱校主题教育月活动。(单击查看详情)</p></marquee>
    </div>
    </body>
</html>
```

模块2 制作图文并茂的新闻页面

　　文本、图像是网页中基本的信息展现方式。图文并茂的页面，可以在视觉上对页面主题进行更深入的表达和阐述，可以让浏览者更赏心悦目，可以让浏览者身临其境地阅读网页信息。本模块主要完成"新闻网"中"致敬最美逆行者"新闻页面的创建，页面效果如图 2-1 所示。本模块任务分解为"创建网页结构""添加网页文本内容""设置图文并茂的网页"。通过本模块的学习旨在使学习者掌握网页制作中的基本知识和基本技能。稳扎稳打地练好基本功，脚踏实地、一步一个脚印，才是成功最好的捷径！

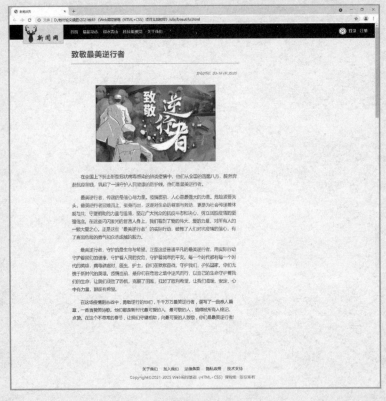

图 2-1　"致敬最美逆行者"新闻页面

【学习目标】

- 掌握 HTML 文档的基本结构；
- 掌握 HTML 文本标记和属性的使用方法；
- 掌握添加普通文本、标题和特殊符号的方法；
- 掌握水平线和换行标记的使用方法；

- 掌握<div>和<span>标记的使用方法；
- 掌握图像标记<img>的基本使用方法。

2.1　任务 1：创建网页结构

【任务描述】

本任务主要完成对"致敬最美逆行者"新闻页面的创建，使学习者掌握 HTML 网页的基本结构，掌握文档结构中的基本标签，了解标签、属性的含义，掌握标签的语法和代码的规范书写。新闻页面的文档结构如图 2-2 所示。

图 2-2　新闻页面的文档结构

2.1 任务 1：创建
网页结构

2.1.1　HTML 文档结构

一个完整的 HTML 文档包含头部和主体两个部分，头部内容用来定义标题、样式等描述性信息，文档主体内容用来显示在浏览器中的内容。HTML 文档的基本结构如图 2-3 所示。

1．<!DOCTYPE>

<!DOCTYPE>必须位于 HTML 文档的第一行，用于声明文档类型，向浏览器说明当前文档使用哪种 HTML 标准规范。例如，<!DOCTYPE html>代码的含义就是当前页面采取的是HTML5 版本显示网页。因此，只有在开头处使用声明，浏览器才能将该文档作为有效的 HTML 文档，并按照指定的文档类型进行解析。

图 2-3　HTML 文档的基本结构

2．<html>

<html>位于<!DOCTYPE>之后，被称为根标记，主要用于告知浏览器其自身是一个HTML 文档。其中，<html>标志着 HTML 文档的开始，</html>标志着 HTML 文档的结束，在它们之间是文档的头部和主体内容。

3．<head>

<head>紧跟在<html>之后，与<html>是嵌套关系，被称为头部标记，用于定义 HTML文档的头部信息。它是一个双标记，即需要有与开始相对应的标记</head>作为结束标记。头部标记主要用来封装其他位于文档头部的标记（如<meta>、<title>、<link>、<style>等），

进行信息描述。

4．<body>

<body>位于<head>之后，以</body>结束。它与<head>是并列关系，被称为主体标记。浏览器中显示的所有内容，如文本、图像、动画、视频和音频等信息都必须位于<body></body>内，这样才能最终展示给用户。

2.1.2　HTML 基本语法

1．标记语法

在 HTML 中，HTML 标记通常由<>符号和其中包容的标记元素组成。HTML 标记，也被称为 HTML 标签或 HTML 元素。例如，<html>、<head>、<body>等都是 HTML 标记，HTML 标记不区分大小写。

标记通常分为双标记和单标记两种类型。

1）双标记

双标记是指由开始和结束两个标记符号组成，必须成对使用的标记。其基本语法格式如下：

```
<标记名>内容</标记名>
```

例如，HTML 文档结构中的<html>和</html>、<head>和</head>、<body>和</body>等都是双标记。

2）单标记

单标记是指用一个标记符号，可以完整地描述某个功能的标记。其基本语法格式如下：

```
<标记名 />
```

需要说明的是，标记名后面的/，可以省略。例如，换行标记
、水平线标记<hr>等都是单标记。

此外，在 HTML 中还有一种特殊的标记——注释标记，该标记是具有特殊功能的单标记。例如，当在 HTML 文档中添加一些便于阅读和理解，但又不需要显示在页面中的文字时，就可以使用注释标记。注释标记可以对代码起到注释说明的作用。其基本语法格式如下：

```
<!-- 注释部分 -->
```

需要说明的是，添加注释是为了更好地解释代码的功能，便于相关开发人员理解和阅读代码。注释内容不执行，不显示在浏览器窗口中。在实际开发中，可以使用组合键 Ctrl+/添加注释或取消注释。

2．属性语法

在使用 HTML 制作网页时，利用属性语法可以使 HTML 标记提供更多的信息。例如，标记<hr>的作用是在网页中插入一条水平线，若需要设置水平线的粗细、颜色、对齐方式等，则应为该标记附加一些信息，这些附加信息被称为属性，用于描述该标记的自身特征。其基本语法格式如下：

```
<标记名 属性名 1="属性值" 属性名 2="属性值" >
```

需要说明的是，属性名与标记名之间用空格分隔，如果有多个属性，属性与属性之间也用空格分隔，其中的双引号必须是英文半角的双引号。

例如，<hr size="5" color="red">，其中的<hr>标记表示在网页中创建一条水平线，设置水平线的粗细（size）为 5px、颜色（color）为红色。

2.1.3　<head>标记

<head>标记用于定义文档的头部，是所有头部元素的容器。文档的头部描述了文档的各种属性和信息，如页面的标题、作者、与文档的关系等。为此，HTML 提供了一系列的标记，如<title>、<meta>、<style>、<link>、<script>等。

1．设置网页标题标记 <title>

<title>标记用于定义 HTML 页面的标题，即网页在浏览器标签栏中显示的标题。该标记必须位于<head>标记之内。一个 HTML 文档只能包含一对<title></title>标记，<title></title>之间的内容将显示在浏览器窗口的标签栏中。

2．定义页面元信息标记 <meta>

<meta>标记是一个单标记，本身不包含任何内容，仅表示网页的相关信息。例如，为搜索引擎提供网页的关键字、作者信息、内容描述及设置网页的刷新时间等。下面介绍<meta>标记的常用设置。

1）<meta name="名称" content="值"/>

在<meta>标记中使用 name 和 content 属性，可以为搜索引擎提供信息。其中，name 属性用于提供搜索内容的名称，如经常设置的属性值有 keywords、description、author 等；content 属性则提供对应的搜索内容值。

- 设置网页关键字：name 属性值为 keywords，即定义搜索内容名称为网页关键字。
- 设置网页描述：name 属性值为 description，即定义搜索内容名称为网页描述。
- 设置网页作者：name 属性值为 author，即定义搜索内容名称为网页作者。

2）<meta charset="编码方式"/>

- 设置字符集：HTML5 中简化了字符集的书写，如<meta charset="utf-8">。

其中，UTF-8 是针对 Unicode 的一种可变长度字符编码，用于告诉浏览器此页面使用的字符编码格式，这样浏览器下一步才能做好解析工作。

常见的字符编码有 GB2312、GBK、Unicode、UTF-8 等。其中，UTF-8 可以用来表示 Unicode 标准中的任何字符，而且其编码中的第一个字节仍与 ASCII 兼容，使得原来处理 ASCII 字符的软件无须或只用进行少部分修改，便可继续使用。因此，它逐渐成为电子邮件、网页及其他存储或传送文字的应用中优先采用的编码。

3）<meta http-equiv="名称" content="值"/>

http-equiv 属性把 content 属性连接到 HTTP 头部。例如，搜狐网站中<head>标记的设置（见图 2-4）。通过<title>标记定义了该网页的标题"搜狐"，通过<meta>标记定义了搜狐网站的关键字和网站描述信息等。

例如，设置网页自动刷新与跳转。设置某个页面 5 秒后自动跳转到百度首页，http-equiv 属性值为 refresh，content 属性值为数值和 url 地址，两者之间用分号隔开，用于指定在特定时间后跳转到目标页面，该时间默认以秒为单位。代码如下：

```
<meta http-equiv="refresh" content="5; url=https://www.baidu.com/">
```

图 2-4　搜狐网站中<head>标记的设置

其中，refresh 属性用于刷新与跳转（重定向）页面；url（Uniform Resource Locator,统一资源定位器）属性是 WWW 的统一资源定位标志，就是指网络地址。

此外，<style>标记用于定义 HTML 文档的样式信息，常用于定义 CSS 的内部样式；<link>标记用于定义文档与外部资源之间的关系，常用于链接 CSS 样式表；<script>标记用于定义客户端脚本，如 JavaScript 脚本语言。

2.1.4　任务实施

创建"致敬最美逆行者"网页结构，实施步骤如下。

（1）启动网页编辑工具 HbuilderX，单击"新建项目"按钮，在弹出的"新建项目"对话框中，选择项目保存位置如 D:/Web，命名项目名称为 newsSite，选择"选择模板"选区中的"基本 HTML 项目"选项，单击"创建"按钮，如图 2-5 所示。

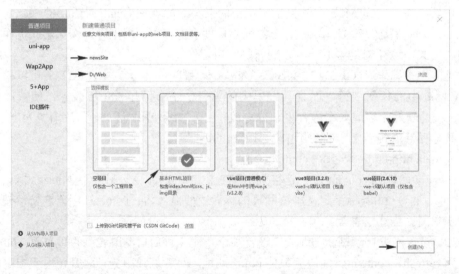

图 2-5　创建 Web 项目对话框

（2）在"项目管理器"列表中，右击项目名 newsSite，在弹出的快捷菜单中选择"新建"→"7.html 文件"命令，如图 2-6 所示。

图 2-6　新建 HTML 文件

（3）在弹出的"新建 html 文件"对话框中，将新建的 HTML 文件命名为 beautiful.html，并保留"选择模板"选区中 default 复选框的默认勾选状态，单击"创建"按钮（见图 2-7），完成"致敬最美逆行者"新闻网页的创建。

图 2-7　新建 beautiful.html 网页文件

（4）在"项目管理器"列表中双击 beautiful.html 选项打开这个 HTML 文件，可以看到 HbuiderX 在完成网页创建的同时，自动创建了一个标准的 HTML 文档结构。

2.2　任务 2：添加网页文本内容

【任务描述】

本任务主要使用经过精心处理的文字材料，制作"致敬最美逆行者"新闻页面中的文章标题和段落内容部分，并通过对文字与段落属性的设置来提高文字的艺术表现力。其目的是使学习者掌握网页中最基本的标题标记、段落标记、水平线标记、换行标记及特殊字符等。效果如图 2-8 所示。

2.2 任务 2：添加网页文本内容

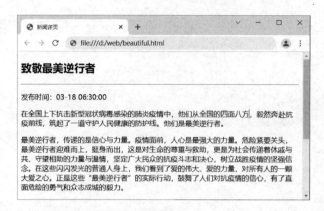

图 2-8 新闻页面文本内容效果

2.2.1 标题与段落标记

1．标题标记

HTML 提供了 6 个等级的标题，即<h1>～<h6>。从<h1>到<h6>标题的重要性依次递减，<h1>定义的是最大的标题，<h6>定义的是最小的标题。标题标记的基本语法格式如下：

```
<hn align="对齐方式">标题文字<hn>
```

说明：n 的取值为 1～6 的整数，代表 1～6 级标题。align 属性为可选属性，用于指定标题的对齐方式，取值为 left、center、right，分别设置标题文字的左对齐（默认值）、居中对齐和右对齐。

【例 2-1】标题标记的应用

【例 2-1】标题标记的应用

```
<!DOCTYPE html>
<html>
    <head>
        <meta charset="utf-8" />
        <title>目录</title>
        <!-- 对标题文字的简单修饰开始 -->
        <style type="text/css">
            h1,h2,h3,h4,h5{
                font-weight: normal;
            }
            h3{
                text-indent: 2em;
            }
            h4{
                text-indent: 4em;
            }
        </style>
        <!-- 对标题文字的简单修饰结束 -->
    </head>
<body>
        <h1>Web 编程基础项目实战教程</h1>
```

```
        <h2>模块 1：网站的设计与策划</h2>
        <h2>模块 2：制作图文并茂的新闻页面</h2>
        <h3>2.1 创建网页结构</h3>
        <h4>2.1.1 HTML 文档结构</h4>
        <h4>2.1.2 HTML 基本语法</h4>
        <h3>2.2 添加网页文本内容</h3>
        <h4>2.2.1 标题与段落标记</h4>
        <h4>2.2.2 水平线标记</h4>
        <h2>模块 3：美化修饰网站的新闻页面</h2>
    </body>
</html>
```

运行效果如图 2-9 所示。

其中，font-weight:normal;设置文本粗体效果为正常，即不设置粗体效果；text-indent:2em;设置首行缩进 2 个字符。上述代码初步应用 CSS 样式对标题文本进行了简单的样式修饰，以避免页面效果中不能突显标题级别的特征。后面的模块会系统介绍 CSS 样式。

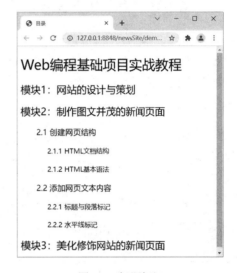

2．段落标记

在网页中，要把文字有条理地显示出来，就需要将这些文字分段显示。在 HTML 标记中，<p>标记用于定义段落，可以将整个网页分为若干个段落。段落标记的基本语法格式如下：

```
<p align="对齐方式">这是一个段落标记</p>
```

图 2-9　标题标记

特点：

（1）文本在一个段落中会根据浏览器窗口的大小自动换行。

（2）段落与段落之间留有空隙。

【例 2-2】段落标记的应用

```
<!DOCTYPE html>
<html>
    <head>
        <meta charset="utf-8">
        <title>段落</title>
    </head>
    <body>
        <h2 align="center">唐诗欣赏</h2>
        <h3 align="center">静夜思</h3>
        <p align="center">李白</p>
        <p align="center">床前明月光，疑是地上霜。举头望明月，低头思故乡。</p>
    </body>
</html>
```

【例 2-2】段落标记的应用

运行效果如图 2-10 所示。

图 2-10　段落标记

2.2.2　水平线标记

在网页中，水平线可以用于分割不同的文字段落或其他网页组件，轻松地修饰段落排版，使之更美观。当然，水平线还可以明显地突出某一段重要文字，使之更加醒目。水平线标记的基本语法格式如下：

```
<hr align="对齐方式" />
```

说明：<hr />是单标记，添加了一条默认样式的水平线。此外，可以为<hr />设置属性和属性值，改变水平线的样式。其常用属性如表 2-1 所示。

表 2-1　<hr />标记的常用属性

属 性 名	说　　明	属 性 值
size	设置水平线的粗细	以像素为单位，默认值为 2px
color	设置水平线的颜色	可用颜色名称、十六进制#RGB、rgb 函数 rgb(r,g,b)
width	设置水平线的宽度	可以是像素值，也可以是百分比
align	设置水平线的对齐方式	取值为 left、center、right，默认值为 center

【例 2-3】水平线标记的应用

【例 2-3】水平线标记的应用

```
<!DOCTYPE html>
<html>
    <head>
        <meta charset="utf-8">
        <title>水平线</title>
    </head>
    <body>
        <h2 align="center">唐诗欣赏</h2>
        <hr size="5" color="green" width="50%" align="center">
        <h3 align="center">静夜思</h3>
        <p align="center">李白</p>
        <p align="center">床前明月光，疑是地上霜。举头望明月，低头思故乡。</p>
    </body>
</html>
```

运行效果如图 2-11 所示。

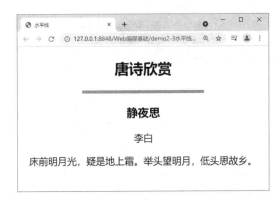

图 2-11　水平线标记

2.2.3　换行标记

在 HTML 中，一个段落中的文字会从左到右依次排列，直到浏览器窗口的右端，才会自动换行。如果希望某个段落的文本强制换行显示，就需要使用换行标记
。

特点：

（1）
是换行标记，是一个单标记，/可以省略。

（2）一次换行可以使用一个
，多次换行可以使用多个
。

（3）
标记用于强制换行，开始新的一行，与段落产生的间距不同。

【例 2-4】换行标记的应用

【例 2-4】换行标记的应用

```
<!DOCTYPE html>
<html>
    <head>
        <meta charset="utf-8">
        <title>换行</title>
    </head>
    <body>
        <h2 align="center">唐诗欣赏</h2>
        <h3 align="center">静夜思</h3>
        <p align="center">李白</p>
        <p align="center">床前明月光，<br>疑是地
上霜。<br>举头望明月，<br>低头思故乡。</p>
    </body>
</html>
```

运行效果如图 2-12 所示。

2.2.4　特殊字符

在 HTML 中，<、>、&等符号有特殊含义（如<>用于定义标记，&用于转义），不能直接使用。这些符号是不显示在网页中的，若要在网页中显示特殊字符，需要在 HTML 代码中加入以&开头的字母组合。常用的特殊字符如表 2-2 所示。

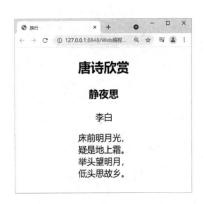

图 2-12　换行标记

表 2-2　常用的特殊字符

特 殊 字 符	说　明	字 符 代 码
	空格符	
<	小于号	&lt;
>	大于号	&gt;
&	和号	&amp;
"	双引号	&quot;
¥	人民币	&yen;
©	版权	&copy;
®	注册商标	&reg;
°	摄氏度	&deg;
±	正负号	&plusmn;
×	乘号	&times;
÷	除号	&divide;
²	平方 2（上标 2）	&sup2;
³	立方 3（上标 3）	&sup3;

2.2.5　\<div\>与\<span\>标记

相对其他的 HTML 标记而言，\<div\>和\<span\>标记包含的元素是没有语义的。例如，当看到\<h1\>\</h1\>标记时，就知道里面承载的是文章的一级标题；当看到\<p\>\</p\>标记时，就知道里面承载的是文章的一个新的自然段。但是\<div\>和\<span\>标记并没有这样的意义，它们是无语义标记。在 HTML 中，它们就像一个盒子，是用来装内容的。

【例 2-5】　\<div\>与\<span\>标记的应用

```
<!DOCTYPE html>
<html>
    <head>
        <meta charset="utf-8">
        <title><div>标记与<span>标记</title>
    </head>
    <body>
        <div>独占一行</div><div>独占一行</div>
        <span>百度</span><span>新浪</span><span>内容有多宽就占用多宽的空间距离
</span>
    </body>
</html>
```

【例 2-5】\<div\>与\<span\>
标记的应用

运行效果如图 2-13 所示。

图 2-13　\<div\>与\<span\>标记

从代码结构和运行效果中可以看出，<div>和<span>标记并不能表达它们在页面中的结构含义。一个<div>标记独占一行，是块级元素，意味着它的内容自动开始新的一行；<span>标记可以一行放多个<span>，<span>标记不会另换一行，是行内元素，承载内容有多宽，就占用多宽的空间距离。如果不对<span>标记进行样式修饰，它在页面效果中就像不存在一样。一般情况下，<div>标记用于网页布局，<span>标记用于修饰一行内部局部文字的样式。当在后面模块详细学习网页布局时，我们就知道怎么使用它们了。

2.2.6 任务实施

为"致敬最美逆行者"新闻页面添加文本内容，输入程序代码如下：

```
<!DOCTYPE html>
<html>
    <head>
        <meta charset="UTF-8">
        <title>新闻详页</title>
    </head>
    <body>
        <div>
            <h2>致敬最美逆行者</h2>
            <hr />
            <p>发布时间：03-18 06:30:00</p>
            <p>在全国上下抗击新型冠状病毒感染的肺炎疫情中，他们从全国的四面八方，毅然
奔赴抗疫前线，筑起了一道守护人民健康的防护线。他们是最美逆行者。</p>
            <p>最美逆行者，传递的是信心与力量。疫情面前，人心是最强大的力量。危险紧
要关头，最美逆行者迎难而上，挺身而出，这是对生命的尊重与救助，更是为社会传递着休戚与共、守
望相助的力量与温情，坚定广大民众的抗疫斗志和决心，树立战胜疫情的坚强信念。在这些闪闪发光的
普通人身上，我们看到了爱的伟大、爱的力量，对所有人的一颗大爱之心。正是这些"最美逆行者"的
实际行动，鼓舞了人们对抗疫情的信心，有了直面危险的勇气和众志成城的毅力。</p>
        </div>
    </body>
</html>
```

2.3 任务 3：设置图文并茂的网页

【任务描述】

本任务主要是模拟制作项目中的"新闻详页"，使学习者能够利用<img>标记进行图片展示，同时了解图像标记<img>的简单属性设置，如src、alt、title、align 等，效果如图 2-14 所示。

2.3 任务 3：设置图文并茂的网页

图 2-14　图文并茂的网页效果

2.3.1　插入图像

俗话说"一图胜千言"。那么，如何在网页中插入图像呢？在 HTML 中，<img>标记用于定义 HTML 页面中的图像。图像标记的基本语法格式如下：

```
<img src="图像路径文件名 URL">
```

说明：src 是<img>标记的必要属性，用于指定图像文件的路径和文件名。

除了 src 属性，<img>标记还有其他的属性，如表 2-3 所示。

表 2-3　<img />标记的属性

属 性 名	示 例	说 明
src	<img src="img/pic.jpg">	指定图像路径，必须具备的属性
alt	<img src="img/pic.jpg" alt="这里有一张图片">	替换文本，图像不能正常显示时的替换文本
title	<img src="img/pic.jpg" title="网页中插入的图片">	设置提示文本，当光标在图像上悬停时显示的提示内容
width	<img src="img/pic.jpg" width="200px">	设置图像的宽度
height	<img src="img/pic.jpg" height="300px">	设置图像的高度

需要说明的是，根据页面中图像区域的需要，当图像的宽度和高度属性只定义一个时，

另一个会自动等比例变化。如果定义的宽度和高度的值没有按照图像的等比例设置，则会使图像变形。

【例 2-6】图像标记的应用

```html
<!DOCTYPE html>
<html>
    <head>
        <meta charset="utf-8">
        <title>图像</title>
    </head>
    <body>
        <img src="summer.jpg" alt="夏天" title="夏天是个五彩缤纷的季节">
    </body>
</html>
```

运行上述代码，如果图像能够正常显示，在 Chrome 浏览器中就会出现如图 2-15 所示的效果；如果图像不能正常显示，在 Chrome 浏览器中就会出现如图 2-16 所示的效果。

图 2-15　正常显示的图片　　　　　　图 2-16　不能正常显示的图片

在图 2-15 所示的页面中，当光标悬停在图片上时，就会出现提示文本"夏天是个五彩缤纷的季节"。

2.3.2　网页中支持的图像文件格式

图片是网页设计中不可缺少的元素，它与文字和色彩并称为网页三大语言。在网页设计中，选择适合的图片文件格式不但可以让设计得到合理的显示效果，而且可以有效地控制图片文档的大小，节省下载的时间，有效地减少服务器的负担。目前网页上常见的图像格式主要有.jpg、.gif、.swf、.bmp 等，如表 2-4 所示。

表 2-4　常见的图像格式

图像类型	优　　点	缺　　点	适 用 场 合
*.jpg	体积小，比较清晰	有损压缩、画面失真	网页图片
*.gif	支持 Internet 标准，支持无损耗压缩和透明度，很流行	支持有限的透明度	网页图片
*.swf	体积小，便于网络传输	制作烦琐	网页动画
*.bmp	支持 24 位颜色深度，兼容性好	不支持压缩，容量大	桌面墙纸

2.3.3 任务实施

为"致敬最美逆行者"新闻页面设置图文并茂效果，步骤如下。

（1）将准备插入文章中的图像 news.png 保存到 newsSite 文件夹中的 img 子文件夹中，如图 2-17 所示。

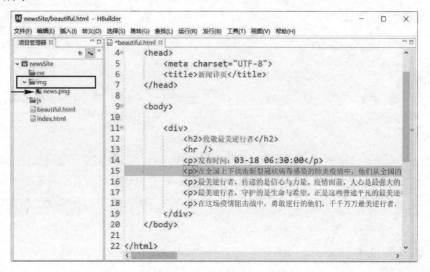

图 2-17　保存图片到 img 子文件夹中

（2）在 HTML 文档中，找到要插入图像的位置，输入程序代码，完成网页图文并茂效果的制作，如图 2-18 所示。

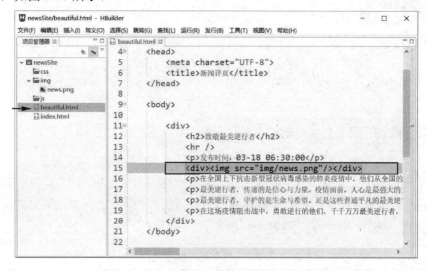

图 2-18　输入程序代码

2.4　知识进阶

HTML 不仅提供了基本的标题标记、段落标记等，而且定义了很多供格式化输出的元素，如粗体字和斜体字效果等。

1. 文本格式化

文本格式标记就是在一个 HTML 文档中对文本进行格式化。

【例 2-7】 文本格式标记的应用

【例 2-7】文本格式标记的应用

```html
<!DOCTYPE html>
<html>
    <head>
        <meta charset="UTF-8">
        <title>文本格式标记</title>
    </head>
    <body>
        <b>粗体</b>效果
        <br />
        <strong>强调加重语气</strong>效果
        <br />
        <em>着重文字</em>效果
        <br />
        <i>斜体字</i>效果
        <br />
        <big>大号字</big>效果
        <br />
        <small>小号字</small>效果
        <br />
        H<sub>2</sub>O
        <br />
        O<sup>2</sup>
        <br />
        <ins>插入字</ins>效果
        <br />
        <del>删除字</del>效果
    </body>
</html>
```

运行效果如图 2-19 所示。

图 2-19　文本格式标记的应用

2．预格式文本

<pre>标记通常会保留空格和换行符，很适合显示计算机代码。

【例 2-8】 预格式文本标记的应用

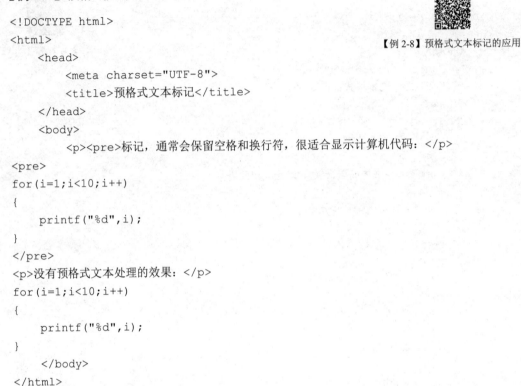

【例 2-8】预格式文本标记的应用

```html
<!DOCTYPE html>
<html>
    <head>
        <meta charset="UTF-8">
        <title>预格式文本标记</title>
    </head>
    <body>
        <p><pre>标记，通常会保留空格和换行符，很适合显示计算机代码：</p>
<pre>
for(i=1;i<10;i++)
{
    printf("%d",i);
}
</pre>
<p>没有预格式文本处理的效果：</p>
for(i=1;i<10;i++)
{
    printf("%d",i);
}
    </body>
</html>
```

运行效果如图 2-20 所示。

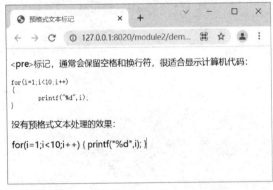

图 2-20　预格式文本标记的应用

浏览器在对 HTML 文件解析时读取的是标记。如果文本需要换行，一种是使用块级元素，如<p>标记、<div>标记；另一种是使用换行标记
，而如果只是通过在键盘上按 Enter 键（回车键），则不管输入多少个回车符，在页面中也只显示一个空格。对于想要显示多个空格的情况，同样的原因，如果通过在键盘上按 Space 键（空格键），不管输入多少个空格，在页面中也只显示一个空格。而<pre>标记的功能，则会保留在键盘上输入的所有空格和换行符，并在页面中显示出来。

3．HTML 引用

HTML 引用标记用于表达显示的文本是引用的一句诗、一句名人名言、一段话、特殊的缩略语等。常用的引用标记如表 2-5 所示。

表 2-5　常用的引用标记

标　记	说　　明	特　　点
<q>	定义短的行内引用	浏览器通常用双引号将<q>元素的内容括起来
<blockquote>	定义长的引用，一般是从其他来源引用的节	浏览器通常会对 <blockquote>元素进行缩进处理
<abbr>	定义缩写或首字母缩略语	通过对缩写进行标记，能够为浏览器、翻译系统及搜索引擎提供有用的信息
<dfn>	定义项目或缩略词的定义	一般用于概念、缩写、定义等
<address>	定义地址或联系信息	此元素通常以斜体显示
<cite>	定义著作的标题	浏览器通常以斜体显示<cite>元素
<bdo>	定义文本方向，dir 属性值为 ltr 或 rtl	使文本的显示方向从左到右，或从右到左

【例 2-9】HTML 引用标记的应用

```
<!DOCTYPE html>
<html>
    <head>
        <meta charset="utf-8">
        <title>HTML 引用标记的使用</title>
    </head>
    <body>
        <dfn>空谈误国，实干兴邦</dfn>
        <blockquote>
            实现中华民族伟大复兴是一项光荣而艰巨的事业，需要一代又一代中国人共同为之努力。空谈误国，实干兴邦。我们这一代共产党人一定要承前启后、继往开来，把我们的党建设好，团结全体中华儿女把我们国家建设好，把我们民族发展好，继续朝着中华民族伟大复兴的目标奋勇前进。
        </blockquote>
        <address>——2012 年 11 月 29 日，习近平在参观《复兴之路》展览时的讲话</address>
    </body>
</html>
```

【例 2-9】HTML 引用标记的应用

运行效果如图 2-21 所示。

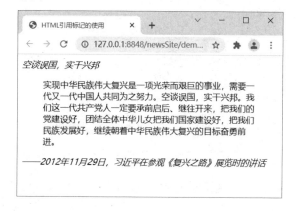

图 2-21　HTML 引用标记的应用

2.5　小结

本模块主要学习了创建网页结构的方法、向网页中添加文本内容和设置图文并茂的网页效果等，具体内容如下。

1．一个完整的 HTML 文档基本结构，以<html>标记开始文档，以</html>标记结束文档，文档中包含<head>…</head>和<body>…</body>两部分，<body>…</body>是 HTML 文档的核心部分，在浏览器中显示的任何信息都定义在该标记中。

2．HTML 标记就是放在<>符号中表示某个功能的编码命令，分为单标记和双标记。

3．标记可以拥有属性，必须写在标记名的后面，标记名与属性、属性与属性之间均以空格分隔，属性采取"键-值"对的形式，即属性名="属性值"。

4．HTML 提供了 6 个等级的标题，即<h1>～<h6>，从<h1>到<h6>标题的重要性依次递减，<h1>定义的是最大的标题，标题的级别和重要性最高，<h6>定义的是最小的标题。

5．标记<p>…</p>用于定义段落，可以将整个网页的文本内容分为若干个段落，文本在一个段落中会根据浏览器窗口的大小自动换行，并且段落本身自动换行、自占一块，段落与段落之间留有空隙。

6．常用的两个特殊的单标记是换行标记
和水平线标记<hr />。

7．<div>标记用于网页布局，每个<div>标记的块结构自动换行，独占一块；<span>标记用于修饰局部文字的样式，可以一行放多个<span>，是行内结构，不换行。

8．利用<img>标记实现向网页中插入图片的效果，制作图文并茂的网页。该标记可以拥有多个属性，属性之间不分先后顺序。

2.6　实训任务

【实训目的】

1．掌握 HTML 的文档结构，会设计简单的网页；
2．掌握 HTML 的基本语法；
3．掌握页面头部内容的添加方法；
4．熟练掌握在网页中输入、设置标题和正文文字的方法；
5．熟练掌握在网页中插入图像的方法。

【实训内容】

实训任务 1：制作图文并茂的班级学习交流页面

【任务描述】

构建网页页面并在网页中添加网页文本内容，插入图像，并通过标记和属性对页面中的文本进行简单的样式修饰，如颜色、强调、倾斜、右对齐等，页面效果如图 2-22 所示。

学习交流

Class Study

追梦青春

计算机软件一班 叶芽

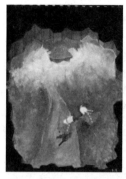

　　每一个人都有自己的梦想，小学、初中、高中、大学……*我们每时每刻都在追逐自己的梦想，并为之努力奋斗。*

　　在短暂又漫长的青春时光里，我们会找到自己的同伴，并和他们一起不断前行，互相帮助，最终能够以自己的力量，在梦想的天空中自由翱翔，攀上人生的巅峰。在校的几年里，不应该虚度光阴，应该用宝贵的青春年华，为自己的人生增添一抹绚丽的色彩。

　　希望计算机软件班的同学们，能够在自己成长道路上绽放出耀眼的光芒！**能够努力拼搏，沿着梦想之路走向人生巅峰。** 让我们在追梦路上披荆斩棘，勇于创新，不断超越自我吧！

图 2-22　班级学习交流页面

【实训任务指导】

1．在网页中添加版块标题、文章标题。其中，<h1>定义重要等级最高的标题，<h6>定义重要等级最低的标题。

2．用段落标记<p></p>给网页文本分段，HTML 的<p>标记（或 HTML 段落标记）表示文本的一个段落。

3．用水平线标记<hr/>给网页添加水平线，<hr/>标记告诉浏览器要插入一条横跨整个窗口的水平分隔线。

4．用<div>和<span>标记对网页进行简单布局，<div>标记一般用于网页布局，而<span>标记一般用于局部文字的样式。<div> </div>标记独占一行，<span></span>标记中的内容有多宽就占用多宽的空间距离。

5．图像由<img>标记定义，<img src="pic.jpg" alt="这里是一张图片">，其中 src 属性必不可少。

6．使用文本格式标签对文本进行简单的样式修饰，如强调、倾斜等。

7．使用<font></font>标记定义文本的字体、文字尺寸和文字颜色。例如，<font color="red" face="楷体" size="7" >字体样式</font>设置标记之间的文本，表示字体为楷体，颜色为红色，字号为 7 号。需要注意，<font>标记在 HTML5 中已过时，在实际开发中不建议使用，在此只作为了解和尝试，在系统学习 CSS 样式之前，先简单地对页面文本进行样式修饰。

任务 1 实现的主要代码：

```
<!DOCTYPE html>
<html>
```

```
        <head>
            <meta charset="UTF-8">
            <title>学习交流</title>
            <style type="text/css">
                body{
                    margin: 0px auto;
                }
                div{
                    width: 750px;
                    border: 1px solid red;
                    padding: 10px;
                    margin: auto;
                }
            </style>
        </head>
        <body>
            <div>
                <h1><font color="red" face="黑体">学习交流</font></h1>
                <h4><font color="blue" face="arial">Class Study</font></h4>
                <hr />
                <h2 align="center">追梦青春</h2>
                <p align="right">计算机软件一班　叶芽</p>
                <p align="center"><img src="img/dream.jpg" width="300px"/></p>
                <p>      每一个人都有自己的梦想，小
学、初中、高中、大学……<i>我们每时每刻都在追逐自己的梦想</i>，并为之<strong>努力奋斗
</strong>。</p>
                <p>      在短暂又漫长的青春时光里，
我们会找到自己的同伴，并和他们一起不断前行，互相帮助，最终能够以自己的力量，在梦想的天空中自
由翱翔，攀上人生的巅峰。在校的几年里，不应该虚度光阴，应该用宝贵的青春年华，为自己的人生增添
一抹绚丽的色彩。</p>
                <p>      希望计算机软件班的同学们，
能够在自己成长道路上绽放出耀眼的光芒！<font color="red" size="5">能够努力拼搏，沿着梦想
之路走向人生巅峰。</font>让我们在追梦路上披荆斩棘，勇于创新，不断超越自我吧！</p>
            </div>
        </body>
    </html>
```

实训任务 2：制作图文并茂的班级公告栏页面

【任务描述】

制作班级公告栏页面，熟练掌握 HTML 文档的基本结构，掌握网页中添加文本内容的方法，并对页面进行样式修饰，页面效果如图 2-23 所示。

【实训任务指导】

1．使用<h1>～<h6>标记向网页中添加不同级别的标题，使用<p>标记创建页面中的段落，并通过<img> 标记插入图像。

2．使用 CSS 简单地控制页面显示<div>标记的区域块的大小及样式。

3．使用<font>标记简单修饰文本样式。

图 2-23　班级公告栏页面

任务 2 实现的主要代码：

```
<!DOCTYPE html>
<html>
    <head>
        <meta charset="UTF-8">
        <title>班级公告栏</title>
        <style type="text/css">
            body{
                margin: 0px auto;
            }
            div{
                width: 750px;
                border: 1px solid lightgray;
                padding: 10px;
                margin: auto;
            }
        </style>
    </head>
    <body>
        <div>
            <h1><img src="img/note.jpg" align="center" hspace="10px"/><font
color= "cornflowerblue">班级公告栏</font></h1>
            <hr />
            <p>      为加强大学生爱国主义教育，
培养大学生的爱校敬校意识，提升大学生不忘初心、筑梦前行的力量，计算机与软件工程系将举办爱国爱
校主题教育月活动。</p>
            <h3><font color="cornflowerblue">活动主题</font></h3>
            <p>      提高大学生思想政治素质；激
```

发大学生成才报国热情</p>

```
            <h3><font color="cornflowerblue">活动目标</font></h3>
            <p>      在教育教学中引导大学生依法
```
理性表达爱国热情，把爱国热情转化为树立志向、勤奋学习、全面发展的实际行动。通过开展此次主题教育活动，使大学生树立与学校共发展的理念，感恩前辈付出，珍惜现今大学生活，更加清晰目标、明确方向，真正领悟并践行"求真达善，致知力行"的校训，争做新时代的优秀大学生。</p>
```
        </div>
    </body>
</html>
```

模块3 美化修饰网站的新闻页面

　　CSS 层叠样式表，是现今在网页制作中使用频率非常高的技术，HTML 用于创建网页内容结构，CSS 则在于丰富网页的表现方式，提高网页维护的更新效率，改善网页的外观，以达到美化网页的作用。本模块主要使用 CSS 设置字体、文本、背景等样式，对"新闻网"中"致敬最美逆行者"新闻页面进行美化修饰，页面效果如图 3-1 所示。本模块任务分解为"修饰文字排版""控制元素属性""设置页面背景"。外表的美，终如昙花一现，而心灵的美，才经久不衰，正如新型冠状病毒疫情期间的逆行者，爱岗敬业、乐于奉献、自觉承担社会责任、临危不惧、珍爱生命、坚强勇敢……他们才是有担当的人，是人民心中最美的人！

图 3-1　"致敬最美逆行者"新闻页面

【学习目标】

- 了解 CSS 的发展史及语法规范；
- 理解引入 CSS 样式的方法；
- 掌握 CSS 基本选择器的使用；
- 掌握文字的字体修饰和文本修饰；
- 掌握盒子模型的相关属性；
- 掌握页面布局中浮动与定位的应用；
- 掌握页面背景属性的设置方法。

3.1 任务 1：修饰文字排版

3.1 任务 1：修饰文字排版

【任务描述】

通过学习本任务，主要是让学习者了解 CSS 层叠样式表的概念，掌握 CSS 各种样式的定义和使用，如内部样式表、外部样式表、行内样式定义。在本任务中，重点学习使用 CSS 对文本、字体、段落排版等进行基本的样式修饰。页面效果如图 3-2 所示。

图 3-2　CSS 修饰文本

3.1.1　CSS 概述

"千呼万唤始出来，犹抱琵琶半遮面。"在 HTML 中加入 CSS，可以使网页展现更丰富的内容。CSS 层叠样式表有时也称为 CSS 样式表或级联样式表，主要用于设置 HTML 页面中的文本内容（如字体、大小、颜色等）、图片的外形（如宽度、高度、边框样式、边距等），以及版面的布局等外观显示样式。CSS 让我们的网页更加丰富多彩，布局更加灵活自如。因此，CSS 的主要使用场景是美化网页，布局页面结构。

1．CSS 的发展历史

CSS1.0 版本：1996 年 12 月，W3C（即 World Wide Web Consortium，万维网联盟）发布了第一个有关样式的标准，包含颜色、文字、位置属性等相关信息。

CSS2.0 版本：1998 年 5 月，CSS2 正式推出，开始使用样式表结构。

CSS2.1 版本：2004 年 2 月，CSS2.1 正式推出。它在 CSS2.0 的基础上略微做了改动，删除了许多不被浏览器支持的属性。

CSS3 版本：2001 年 5 月，W3C 完成了 CSS3 的工作草案，主要包括盒子模型、列表模块、超链接方式、语言模块、背景和边框、文字特效、多栏布局等模块，但全部的主流浏览器都已经支持许多新的功能。

2．CSS 语法规范

使用 HTML 需要遵循一定的规范，使用 CSS 也是如此。若要熟练使用 CSS 对网页进行修饰，首先需要了解 CSS 样式规则。CSS 样式规则由两个主要部分构成，即选择器定义和引用声明部分。其基本语法格式如下：

```
选择器{属性:属性值；}
```

（1）选择器是用于指定 CSS 样式的 HTML 标记。

（2）声明部分包含在花括号内，由一个或多个属性声明组成，多个声明之间用英文分号分隔，最后一个声明后的分号可以省略，但为了方便添加新样式最好保留。

（3）每个声明由属性和属性值组成，以"键-值"对的形式出现，属性和属性值之间用英文冒号分隔。如果属性值由多个单词组成且中间包含空格，则必须用英文状态下的引号括起来。例如，p{font-family: "microsoft yahei";}。

注意：在 CSS 样式规则中，选择器严格区分大小写，声明不区分大小写。一般情况下，选择器和声明都采用小写的形式。

3.1.2　引入 CSS 的方法

常用的引入 CSS 的方法有 3 种：行内样式表（也称行内式）、内部样式表（也称嵌入式）、外部样式表（也称链入式）。

1．行内样式表

所谓行内样式表，是在元素标记内部的 style 属性中设定 CSS 样式，适用于修改简单样式。行内样式表的基本语法格式如下：

```
<标记名 style="属性1:属性值1; 属性2:属性值2; "> 内容 </标记名>
```

例如，<p style="color: pink;font-size: 15px;">行内样式设置</p>。

使用行内样式表设定 CSS，通常也被称为行内式引入，该引入方式只能为当前的标记设置样式。style 其实就是标记的属性，样式的具体定义在双引号中间，写法要符合 CSS 规范。由于书写烦琐，并且没有体现出结构与样式相分离的思想，所以不推荐使用。只有对当前元素添加简单样式时，可以考虑使用，一般尽量不使用。

2. 内部样式表

所谓内部样式表，是在 HTML 内部定义样式，将所有的 CSS 代码抽取出来，单独放到一个\<style\>标记中。例如：

```
<style>
    p {
        color: red;
        font-size: 15px;
    }
</style>
```

\<style\>标记一般放在文档的\<head\>标记中。使用这种方式，方便控制当前整个页面中的元素样式设置，使代码结构清晰，但是并没有实现结构与样式完全分离。因此，使用内部样式表设定 CSS，通常也被称为嵌入式引入。

3. 外部样式表

外部样式表的核心是样式单独写在一个扩展名为.css 文件中，把 CSS 文件引入 HTML 页面中使用。在实际开发中常采用的是外部样式表，它适合样式比较多的情况。

引入外部样式表的步骤主要分为两步：一是先新建一个后缀名为.css 的样式文件，把全部的 CSS 代码都放在此文件中；二是在 HTML 中，使用\<link\>标签引入这个 CSS 文件，如 \<link rel="stylesheet" type="text/css" href="css 文件路径"/\>。其中，rel 定义当前文档与被链接文档之间的关系，type 定义所链接文档的类型，href 定义所链接外部样式表文件的路径和文件名 URL。

引入 CSS 样式 3 种方式的比较如表 3-1 所示。

表 3-1　引入 CSS 样式 3 种方式的比较

样　式　表	优　　点	缺　　点	使 用 情 况	控 制 范 围
行内样式表	书写方便，优先级高	结构样式混写	较少	控制一个标记
内部样式表	部分结构和样式分离	没有彻底分离	较多	控制一个页面
外部样式表	完全实现结构和样式相分离	需要链入	最多，推荐使用	控制多个页面

3.1.3　CSS 选择器

选择器就是根据不同需求把不同的 HTML 标记选出来，主要分为简单选择器、复合选择器、伪类选择器、伪元素选择器和属性选择器 5 类。简单选择器是根据标记名、类名、id 名和通配符（*）选取元素；复合选择器是根据元素之间的交集、并集、后代等特定关系选取元素；伪类选择器是根据元素的特定状态选取元素；伪元素选择器是选取元素的一部分或无法创建的虚拟元素；属性选择器是根据元素的属性或属性值选取元素。

1. 标记选择器

标记选择器是指用 HTML 标记名作为选择器，按标记名分类，为页面中某一类标记指定统一的 CSS 样式，也被称为标签选择器或元素选择器。其基本语法格式如下：

标记名{

```
属性 1:属性值 1;
属性 2:属性值 2;
属性 3:属性值 3;
…
}
```

【例 3-1】标记选择器的应用

【例 3-1】标记选择器的应用

```html
<!DOCTYPE html>
<html>
    <head>
        <meta charset="utf-8">
        <title>标记选择器</title>
        <style type="text/css">
            p{
                color: red;
                font-size: 15px;
            }
        </style>
    </head>
    <body>
        <h3>静夜思</h3>
        <h5>李白</h5>
        <p>床前明月光，</p>
        <p>疑是地上霜。</p>
        <p>举头望明月，</p>
        <p>低头思故乡。</p>
    </body>
</html>
```

上述代码通过标记选择的方式，在 HTML 中将全部的<p>标记选择出来，并对全部的<p>标记内容设置文本颜色为 red、字号为 15px 的样式，运行效果如图 3-3 所示。

图 3-3　标记选择器的使用效果

标记选择器可以把某一类标记全部选择出来，如所有的<div>标记、所有的<p>标记。标记选择器的优点是能快速为页面中同类型的标记统一设置样式；缺点是不能设计差异化样式，只能选择所有的当前标记。

2．类选择器

如果想要差异化选择不同的标记，单独选一个或某几个标记，可以使用类选择器。对想要设置成一种类型样式的一个标记或多个标记，命名为同一个类名，即首先指定 class 属性的属性值相同，然后在 CSS 样式定义中，通过类选择器将其选择出来，统一修饰。在 CSS 中定义类选择器，使用英文 "." 为前缀，后面紧跟类名。其基本语法格式如下：

```
.类名{
    属性1:属性值1;
    属性2:属性值2;
    …
}
```

此外，类选择器在 HTML 中以 class 属性表示。

【例 3-2】类选择器的应用

```
<!DOCTYPE html>
<html>
    <head>
        <meta charset="utf-8">
        <title>类选择器</title>
        <style type="text/css">
            .pink{
                color: pink;
                font-size: 15px;
            }
            .green{
                color: green;
                font-size: 15px;
            }
        </style>
    </head>
    <body>
        <h3>静夜思</h3>
        <h5>李白</h5>
        <p class="pink">床前明月光，</p>
        <p class="green">疑是地上霜。</p>
        <p class="pink">举头望明月，</p>
        <p class="green">低头思故乡。</p>
    </body>
</html>
```

【例 3-2】类选择器的应用

上述代码的运行效果如图 3-4 所示。

结合运行效果图，理解类选择器的概念。首先设计师设计的页面效果要求"疑是地上霜"段落和"低头思故乡"段落具有相同的样式，都是绿色文本、15px 字号大小，所以将这两个段落指定为同一类样式，即<p class="green">疑是地上霜。</p>和<p class="green">低头思故乡。</p>，其中 class="green"的属性赋值，使得两个段落都是 green 类的。在 CSS 样式定义中，通过类名 green 进行选择，选择的语法是.green（在类名前加"."），这样类名 class 属性值为 green 的标记就都被选择出来了，此时集体统一定义样式，即.green{color: green; font-size: 15px; }。这样通过类名进行选择的方式被称为类选择器，也就是所谓的"物以类聚，人以群分"。

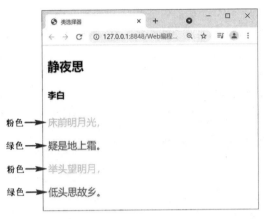

图 3-4　类选择器的使用效果

下面来进一步理解类选择器的概念。比如，最初设计的页面效果要求"李白"和偶数行段落的文本颜色为绿色、字号为 15px，此时李白和偶数行同属于一类，应将这 3 个标记的 class 类名属性的属性值指定为 green，这 3 个标记被划分为一类，在 CSS 的样式定义中，通过类名 green 将 3 个标记选择出来，进行统一的样式定义，即.green{color:green; font-size:15px;}，代码实现如图 3-5 所示。

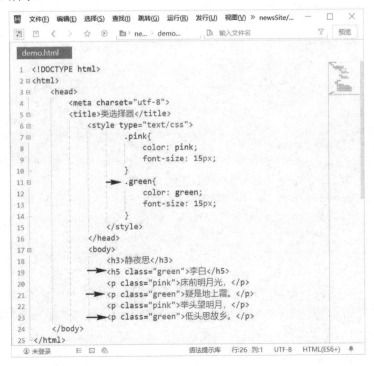

图 3-5　类选择器的应用

从另一个角度来看，在 CSS 样式中先定义了 green 类的样式，然后在 HTML 代码中，哪个标记需要修饰成 green 类的样式，就给该标记的 class 属性赋值为 green，即对样式的引用。

注意：类名的命名最好见名知义，如 header 头、nav 导航、news 新闻、menu 菜单、Logo 标志等；不要使用纯数字、中文等命名，尽量使用英文字母来表示；长名称或多个单词组可以使用短横线来分隔，如 aside-nav。这样，看见名称就知道该类应该是对侧边栏的导航定义的样式。

另外，一个 HTML 标记可以同时指定多个类名，从而达到更多的选择目的。在标记 class 属性中写多个类名时，多个类名之间必须用空格分开。例如，<p class="font pink">多类名的应用</p>，表示该段落标记被 font 类选择，同时也被 pink 类选择，也就是此段落是既被 font 类定义的样式修饰，又被 pink 类定义的样式修饰。

【例 3-3】 多类名的应用

```
<!DOCTYPE html>
<html>
    <head>
        <meta charset="utf-8">
        <title>多类名的应用</title>
        <style type="text/css">
            .pink{
                color: pink;
            }
            .font{
                font-size: 15px;
            }
            .green{
                color: green;
            }
        </style>
    </head>
    <body>
        <h3>静夜思</h3>
        <h5>李白</h5>
        <p class="font pink">床前明月光，</p>
        <p class="font green">疑是地上霜。</p>
        <p class="font pink">举头望明月，</p>
        <p class="font green">低头思故乡。</p>
    </body>
</html>
```

【例 3-3】多类名的应用

上述代码，在<p>标记中通过指定相同的类名设置统一的样式。例如，在 4 个段落中，<p>标记都指定了 font 类，故 4 个段落的文本大小都是 15px；在奇数段落和偶数段落中，<p>标记指定不同的类名设置不同的样式，如文本颜色，在奇数段落中<p>标记指定了粉色，在偶数段落中<p>标记指定了绿色。

如果两个选择器中定义的样式有冲突，则要考虑优先级。例如，下面的代码中的 font 类不仅定义了字号，而且定义了颜色：

```
.font{
    font-size: 15px;
    color: red;
}
```

那么在应用中，<p class="font green">和<p class="font pink">中的文本该显示成什么颜色呢？效果如图 3-6 所示。

图 3-6　多类名的使用效果

为什么<p class="font pink">的段落显示了 font 类选择器中定义的红色，而<p class="font green">的段落依旧显示 green 类选择器定义的绿色呢？分析此时的程序代码如图 3-7 所示。

图 3-7　多类名的应用

在程序代码中定义的 pink、font、green 都是类选择器，权重属于同级别的；在样式定义时，首先定义的 pink 类选择器，其次定义的 font 类选择器，而<p class="font pink">的段落标记<p>定义的文本颜色，不仅引用了 font 类定义的红色，而且引用了 pink 类定义的粉色，那么文本的颜色将按照定义的赋值先后顺序，由后定义的赋值样式值决定。也就是说，在.pink{color:pink;}中，color 先被赋值了 pink；而后在.font{color:red;}中，又被赋值了 red，所以最终在<p class="font pink">的段落标记<p>的文本颜色显示为 red。而对<p class="font green">的段落来说，同样是同级别样式定义发生冲突，样式取决于定义的先后顺序，最终样式为后定义赋值的样式值，所以最终显示的颜色为最后定义的类选择器.green{color:green;}的绿色，这也就是 CSS 样式的层叠性。

在实际开发中，多类名的使用场合主要用于把一些标记元素相同的样式放到一个类中。这些标记都可以先调用这个公共的类，再调用自己独有的类。这样可以节省 CSS 代码，便于统一修改。类的定义按照各自功能划分，高内聚低耦合，尽量避免冲突。

3. id 选择器

id 选择器，是一种对网页元素的选择方式。id 选择是通过对 HTML 标记的 id 属性值进行选择，对选择的元素定义特定的样式。网页中的任何 HTML 标记都可以有 id 属性，但是 id 属性值必须是唯一的。id 属性值，就像网络中每台计算机拥有的唯一的 ip 地址一样。在 CSS 中 id 选择器以 "#" 来定义。其基本语法格式如下：

```
#id 名{
    属性1:属性值 1;
    属性2:属性值 2;
    …
}
```

【例 3-4】id 选择器的应用

示例代码如图 3-8 所示。

【例 3-4】id 选择器的应用

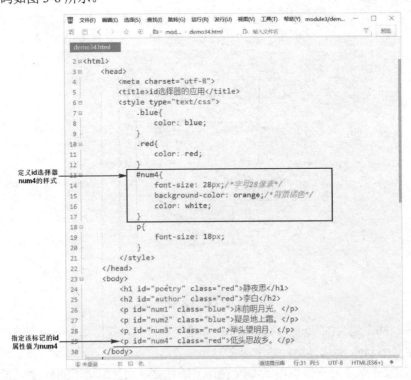

图 3-8　id 选择器的应用

上述代码中，通过 id 选择器的方式在页面中选择了 id 属性值为 num4 的元素，并将该元素的样式定义为字号为 28px、文本颜色为白色、背景颜色为橘色，运行效果如图 3-9 所示。

图 3-9 id 选择器的使用效果

需要说明的是，id 选择器一般与 JavaScript 搭配使用，并且在页面中所有的 HTML 标记的 id 属性值唯一。同一个 id 值的 HTML 标记，在同一个文档中只有一个，独一无二。如上述代码中指定了<p id="num4">，那么只有承载"低头思故乡"段落的这个<p>标记的 id 值是 num4，其他任何标记的 id 值都不能再指定为 num4。就像身份证号一样，两个人的姓名可能相同，但是身份证号必须唯一。

从上述代码和效果图中可以看出，<h1>标记、<h2>标记、<p>标记都可以有自己的 id 属性，但是它们的 id 属性值不能相同。如果页面中一个元素同时定义了 id、class 两种选择方式，而且在两种样式定义中有冲突，那么 id 选择器的优先级高于 class 选择器的优先级，应优先应用 id 选择器定义的样式，故<p id="num4" class="red">低头思故乡。</p>中，最终显示的文本颜色是白色。

4．通配符选择器

在 CSS 中，通配符选择器使用"*"定义，表示选取页面中的所有标记。"*"通配符代表任意多个字符，可以用来指代标记名中包含的字符任意、字符个数任意，故而"*"指代 HTML 中的所有标记。其基本语法格式如下：

```
*{
    属性1:属性值1;
    …
}
```

【例 3-5】通配符选择器的应用

```
<!DOCTYPE html>
<html>
    <head>
        <meta charset="utf-8">
        <title>通配符选择器</title>
        <style type="text/css">
            *{
```

【例 3-5】通配符选择器的应用

```
                color: red;
                font-size: 18px;
            }
        </style>
    </head>
    <body>
        <h1>静夜思</h1>
        <h2>李白</h2>
        <p>床前明月光，</p>
        <p>疑是地上霜。</p>
        <p>举头望明月，</p>
        <p>低头思故乡。</p>
    </body>
</html>
```

上述代码通过定义通配符选择器，将<h1>标记、<h2>标记、<p>标记的文本颜色都设置为红色，字号都设置为 18 像素，运行效果如图 3-10 所示。

图 3-10　通配符选择器的使用效果

通配符选择器不需要调用，它会自动给所有的元素设置样式，因为 "*" 指代了所有的 HTML 标记。

每个基础选择器都有使用场景，类选择器使用的最多。上述 4 类基础选择器的比较如表 3-2 所示。

表 3-2　基础选择器的比较

基础选择器	作　　用	特　　点	使 用 情 况	用 法 示 例
标记选择器	选择所有相同的标记，如 p 标记	不能差异化选择	较多	p{color:red;}
类选择器	选择 1 个或多个标记	可以根据需求选择	非常多	.red{color:red;}
id 选择器	只能选择 1 个标记，独一无二	id 属性最好在每个文档中出现一次	一般与 JavaScript 搭配使用	#red{color: red;}
通配符选择器	选择页面中所有的标记	选择页面中所有的标记	特殊情况使用	*{color: red;}

5. 交集选择器

交集选择器，也被称为标记指定式选择器，由两个选择器构成，一个为标记选择器，另一个为 class 选择器或 id 选择器，两个选择器之间不能有空格。

【例 3-6】交集选择器的应用

```html
<!DOCTYPE html>
<html>
    <head>
        <meta charset="utf-8">
        <title>交集选择器</title>
        <style type="text/css">
            .blue {
                color: blue;
            }
            .red {
                color: red;
            }
            /* 定义段落和类的交集选择器 */
            p.red {
                font-size: 24px;
                text-decoration: underline;
                color: green;
            }
        </style>
    </head>
    <body>
        <h1 class="red">静夜思</h1>
        <h2 class="red">李白</h2>
        <p class="blue">床前明月光，</p>
        <p class="blue">疑是地上霜。</p>
        <p class="red">举头望明月，</p>
        <p class="red">低头思故乡。</p>
    </body>
</html>
```

上述代码中，<h1 class="red">和<h2 class="red">标记中引用了类选择器 red 定义的样式，故文本为红色；前两个段落标记<p>应用了类选择器 blue 定义的样式，故文本为蓝色；交集选择器 p.red{font-size: 24px; text-decoration: underline; color: green;}指定了引用 red 类的段落标记<p>的文本颜色为绿色，字号为 24 像素，有下画线。交集选择 p.red，需要满足首先是<p>标记，并且该<p>标记的 class 属性值为 red，而代码中<h1>标记、<h2>标记也应用了 red 类，但其不是<p>标记。运行效果如图 3-11 所示。

从运行效果可以看出，交集选择器的优先级高于类选择器和标记选择器。

6．并集选择器

并集选择器是各个选择器通过逗号连接而成的，任何形式的选择器（如标记选择器、类选择器、id 选择器等）都可以作为并集选择器的一部分。

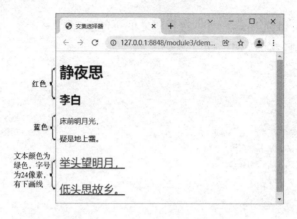

图 3-11　交集选择器的使用效果

【例 3-7】并集选择器的应用

【例 3-7】并集选择器的应用

```
<!DOCTYPE html>
<html>
    <head>
        <meta charset="utf-8">
        <title>并集选择器</title>
        <style type="text/css">
            .blue {color: blue;}
            .red {color: red;}
            /*不同标签组成的并集选择器*/
            h1,h2,p {
                font-size: 18px;
            }
            /*标记选择器、类选择器、id选择器组成的并集选择器*/
            h1,.blue,#num4{
                text-decoration: underline;
            }
        </style>
    </head>
    <body>
        <h1 id="poetry" class="red">静夜思</h1>
        <h2 id="author" class="red">李白</h2>
        <p id="num1" class="blue">床前明月光，</p>
        <p id="num2" class="blue">疑是地上霜。</p>
        <p id="num3" class="red">举头望明月，</p>
        <p id="num4" class="red">低头思故乡。</p>
    </body>
</html>
```

　　上述代码中，标题文本和段落文本有相同的样式（如字号为 18 像素），同时标题文本<h1>标记、段落文本第 1 行、第 2 行和第 4 行都添加了下画线特效。因此，可以采用并集选择器 h1,.blue,#num4{}来设置它们的样式，运行效果如图 3-12 所示。并集选择器可以对多种选择器同时定义样式，即如果多种选择器有共同的样式，可以通过使用并集选择器同时定义。

图 3-12　并集选择器的使用效果

7．后代选择器

后代选择器也被称为包含选择器，用来选择元素或元素组的后代，写法是把外层标记写在前面，内层标记写在后面，中间用空格分隔。其中，外层标记作为父元素（祖先元素），内层标记作为子元素（后代元素），空格代表后代关系。

【例 3-8】后代选择器的应用

示例代码如图 3-13 所示。

【例 3-8】后代选择器的应用

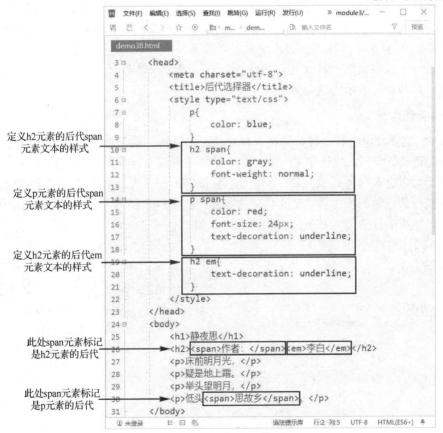

图 3-13　后代选择器的应用

运行效果如图 3-14 所示。

"作者"两个字
为灰色

"思故乡"三个字
为红色、24像素、
下画线

图 3-14　后代选择器的使用效果

在上述代码<h2><span>作者:</span><em>李白</em></h2>中，<h2></h2>中包含 span 和 em 两个元素，<span>作者:</span>和<em>李白</em>都是 h2 元素的后代，被称为子元素，h2 元素是 span 元素和 em 元素的父元素，span 元素和 em 元素是兄弟元素。

在样式定义中使用后代选择器的方式，将 h2 元素的后代 span 元素的文本颜色设置为 gray（灰色），所以只有作为 h2 元素后代的 span 元素的文本"作者:"变为灰色，这对其他结构中的 span 元素不起作用；将 h2 元素的后代 em 元素的文本设置为 text-decoration:underline;（下画线）效果，<em>是一个短语标记，用来呈现被强调的文本，具有倾斜效果，所以"李白"显示为倾斜、下画线效果；将 p 元素的后代 span 元素定义为红色、24 像素、下画线样式，所以只有"思故乡"显示为这种效果。

8. 伪类选择器

在 CSS 选择器中，有一种特殊选择器是伪类选择器。伪类选择器，顾名思义，不是真实存在的。伪类选择器，描述了某一类，这一类并不是通常定义的某个类选择器，但是通过伪类选择器可以选定网页元素的某一类状态。例如，hover 是光标悬浮在元素上的状态，focus 是当元素获得焦点时的状态等。定义伪类选择器，使用冒号和伪类名。此外，常用的伪类选择器还有超链接的锚伪类，在后面模块再详细介绍。

【例 3-9】伪类选择器的应用

```
<!DOCTYPE html>
<html>
    <head>
        <meta charset="utf-8">
        <title>伪类选择器</title>
        <style type="text/css">
            p{
                font-size: 18px;
                color: blue;
            }
            p:hover{
                font-size: 24px;
```

【例 3-9】伪类选择器的应用

```
                    color: red;
                    font-weight: bold;
                    cursor: pointer;
                }
        </style>
    </head>
    <body>
        <div class="main">
            <h1>静夜思</h1>
            <h2>李白</h2>
            <p>床前明月光, </p>
            <p>疑是地上霜。</p>
            <p>举头望明月, </p>
            <p>低头思故乡。</p>
        </div>
    </body>
</html>
```

运行效果如图 3-15 所示。

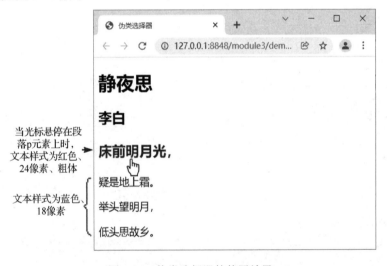

图 3-15　伪类选择器的使用效果

上述代码中，p 元素通过标记选择器定义的样式为蓝色、18 像素。通过伪类选择器 p:hover{…}定义了当光标悬浮在各个段落 p 元素上时，文本样式为红色、24 像素、粗体，且 cursor 指针类型属性设置取值为 pointer（一只手型）。除此之外，常见的指针类型还有 wait（程序正忙、等待）、help（帮助）等。

9. 伪元素选择器

CSS 伪元素选择器，可以选取元素的一部分，或创建 HTML 标记无法生成的虚拟元素，或在特定元素前后添加 HTML 内容、装饰 HTML 内容，而不需要更改 HTML 的结构。这个伪元素在文档中并不真实存在，所以称为"伪元素"。对伪元素选择器的定义，使用"::"（两个冒号）和伪元素名。

常用的伪元素有::before 和::after。在被选择的页面元素前后添加 HTML 内容，具体添加的内容用 content 属性设置，添加内容的各种样式的定义与网页元素的样式定义一样。例如，对元素大小、定位、对齐、字体、颜色、背景等进行的样式定义。

伪元素::first-line 和::first-letter，用于设置被选中文本元素的第一行或第一个字符的样式。

【例 3-10】伪元素选择器的应用

示例代码如图 3-16 所示。

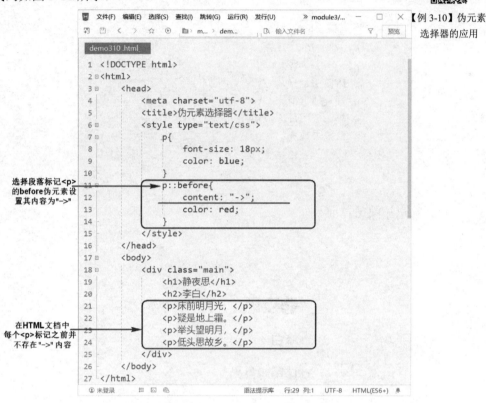

图 3-16　伪元素选择器的应用

运行效果如图 3-17 所示。

图 3-17　伪元素选择器的使用效果

上述代码中，p::before{content: "->";color: red;}即在网页中选择所有段落标记<p>的伪元素 before，并为其设置 content 属性值为"->"、颜色为红色。然而在 HTML 文档中，<p>标记前面并没有真实存在这样的 HTML 内容，此时通过使用 CSS 伪元素选择器的方式，在 HTML 结构中添加了 HTML 内容，并对其轻松设置 CSS 样式，对伪元素的用法和普通的 HTML 元素的用法是一样的。

10．属性选择器

CSS 属性选择器，是通过带有某个相同属性或设置特定属性值选取 HTML 元素的。

【例 3-11】属性选择器的应用

示例代码如图 3-18 所示。

【例 3-11】属性选择器的应用

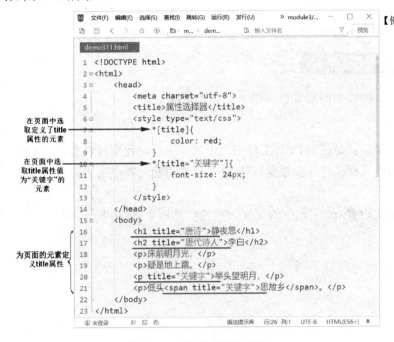

图 3-18　属性选择器的应用

运行效果如图 3-19 所示。

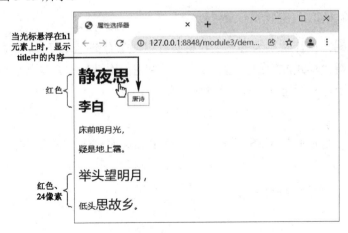

图 3-19　属性选择器的使用效果

在上述代码中，为页面元素定义的 title 属性，可以提供非本质的额外信息。当光标悬浮在定义了 title 属性的元素上时，会在紧随光标右下角处显示 title 属性值的内容。title 属性并不是标记必须设置的。为超链接添加描述性文字、为表单的某种单行输入类型设置样式时，设置 title 属性都非常有用，这些将在后面的模块详细介绍。

上述代码中，*[title]{color:red;}，为页面中全部设置了 title 属性的元素定义文本红色的样式；*[title="关键字"]{font-size: 24px; }，为页面中设置了 title 属性且属性值为"关键字"的元素定义文本字号为 24 像素的样式。

与各种选择器类似，我们也可以根据多种选择方式的多个属性信息进行选择。例如，选取同时设置了 alt 和 title 属性的 img 元素，即 img[alt][title]{border: 5px solid red;}。除了选择拥有某些属性的元素，还可以进一步缩小选择范围，只选择有特定属性值的元素。可以采用一些创造性的方法使用这些特性，综合使用各种选择器使选择更富灵活性。

3.1.4 CSS 特性

CSS 的三大特性，即层叠性、继承性、优先级。

1. 层叠性

所谓层叠性，就是在 HTML 文件中对于同一个标记元素可以有多个 CSS 样式存在。当有相同权重的样式存在时，会根据这些 CSS 样式的前后顺序来决定，处于最后面的 CSS 样式会被应用。

例如，首先设置<p>标记中的文字为粉色，然后设置<p>标记中的文字为绿色。示例代码如下：

```
<style type="text/css">
    p{
        color: pink;
    }
    p{
        color: green;
    }
</style>
<p>天生我材必有用，千金散尽还复来。</p>
```

运行以上代码，执行结果为"天生我材必有用，千金散尽还复来。"文字显示为绿色。

层叠性主要解决样式冲突的问题。在样式冲突时，遵循的原则是就近原则，哪个样式距离结构近，即哪个样式后定义，就执行哪个样式。

2. 继承性

所谓继承性，是指书写 CSS 样式时，子标记会继承父标记的某些样式，如文字颜色和字号。例如：

```
<style type="text/css">
    p{
        color: pink;
    }
```

```
</style>
<p>天生我材必有用，<span>千金散尽还复来</span>。</p>
```

"天生我材必有用，千金散尽还复来。"文字显示为粉色，其中"千金散尽还复来。"也为粉色的原因是<p>标记的颜色设置被它的后代<span>标记继承了。

注意：并不是所有的 CSS 属性都可以继承，如边框属性、内外边距属性、背景属性、定位属性、布局属性、元素宽高属性就不具有继承性。超链接 a 标记不继承 color 属性。

3. 优先级

当同一个元素指定多个选择器时，就会有优先级的产生。如果选择器相同，则执行层叠性；如果选择器不同，则根据选择器权重执行。各类选择器与对应的权重值如表 3-3 所示，值越大，权重越高，即先被选择执行。

表 3-3　各类选择器与对应的权重值

选 择 器	对应的权重值
标记选择器	1
类选择器	10
id 选择器	100
行内样式 style= ""	1000
!important（重要的）	∞（无穷大）

示例代码如下：

```
<style type="text/css">
    p{
        color: red;
    }
    .pink{
        color: pink;
    }
    #blue{
        color: blue;
    }
</style>
<p class="pink" id="blue" style="color: green;">天生我材必有用，千金散尽还复来。</p>
```

上述代码的运行效果为"天生我材必有用，千金散尽还复来。"显示为绿色，因为行内样式权重比其他选择器权重高。如果去掉行内样式表，则文字显示为蓝色，因为 id 选择器权重比类选择器和标记选择器权重高。如果再去掉 id 选择器，则文字显示为粉色，因为类选择器权重比标记选择器权重高。

有时，在一些特殊情况下需要为某些样式设置具有最高权值，这时可以使用!important来解决。在某个样式设置后添加!important，表示该样式具有最高权重值，!important 要写在分号的前面。例如，"天生我材必有用，千金散尽还复来。"文字显示为红色，则标记选择器的代码修改为：

```
p{
    color: red !important;
}
```

此时段落标记<p>显示的颜色为红色。

注意：继承的样式权重为 0。

3.1.5 字体修饰

CSS 使用文字属性用于设置文本的字体、字号、粗细、风格等。

1. 字体（font-family）

CSS 使用 font-family 属性用于设置字体系列。网页中常用的字体有微软雅黑、宋体、黑体等。例如，设置网页中标题字体为黑体，则 CSS 样式代码为 h2{font-family: "黑体";}。

同时可以设置多个字体，如 p{font-family: arial,"times new roman","微软雅黑";}，则表示如果浏览器不支持第一个 Arial 字体，则选择 Times New Roman；如果没有安装 Times New Roman，则选择"微软雅黑"字体；当指定的字体都没有安装时，则使用客户端浏览器默认字体。

在使用 font-family 设置字体时，需要注意以下几点。

（1）在设置多个字体时，每个字体之间用英文逗号隔开。

（2）中文字体需要加英文引号，英文字体一般不需要加引号。如果英文字体名由空格隔开的多个单词组成，则该字体必须加英文引号（单引号或双引号），如 font-family: "times new roman";。

（3）如果在设置字体时，既有英文字体又有中文字体，则必须遵循英文字体名位于中文字体名之前。

2. 字号（font-size）

CSS 使用 font-size 属性用于设置字号，如 p{font-size: 20px;}，表示段落文本的字号为 20px。px 是网页中最常用的单位。不同的浏览器可能默认显示的字号大小不一致（如谷歌浏览器默认的文字大小为 16px），因此在实际开发中应该给网页中的文字设置一个明确的字号大小，而不采用默认的字号大小。

3. 粗细（font-weight）

CSS 使用 font-weight 属性设置文字的粗细。其属性值如表 3-4 所示。

表 3-4 font-weight 属性值

属 性 值	说 明
normal	默认值（不加粗，标准的字符）
bold	定义粗体字符
bolder	定义更粗的字符
lighter	定义更细的字符
100~900（100 的整数倍）	定义由细到粗的字符。其中 400 等同于 normal，700 等同于 bold，值越大文字越粗

在实际开发中，推荐使用数字表示粗细，如 p{font-weight: 700;}，数字后面不加单位。

4．风格（font-style）

CSS 使用 font-style 属性设置文字风格，如设置斜体、正常字体。其属性值如表 3-5 所示。

表 3-5　font-style 属性值

属　性　值	说　　明
normal	默认值，浏览器会显示标准的文字样式
italic	浏览器会显示斜体的文字样式

5．综合设置文字样式（font）

CSS 使用 font 属性对文字样式进行综合设置，可以更节约代码。其基本语法格式如下：

选择器{font: font-style font-weight font-size font-family;}

例如：

```
p{
        font-style: italic;
        font-weight: 700;
        font-size: 20px;
        font-family: "microsoft yahei";
}
```

上述代码等价于：p{font: italic 700 20px "microsoft yahei";}

在使用 font 属性设置文字时，需要注意以下几点。

（1）按照上面的语法格式中的顺序书写，不能更换顺序，并且各个属性以空格隔开。

（2）不需要设置的属性，可以省略（取默认值），但必须保留 font-size 和 font-family 属性，否则 font 属性不起作用。

3.1.6　文本修饰

CSS 文本修饰可以定义文本的外观，如文本颜色、对齐方式、装饰文字、首先缩进等。

1．文本颜色（color）

color 属性用于定义文本颜色。其属性值如表 3-6 所示。在实际开发中，最常用的是属性值是十六进制。例如，设置段落的文本颜色为粉色，则 CSS 样式代码为 p{ color: pink; }。

表 3-6　color 属性值

属　性　值	说　　明
预定义的颜色	red、green、blue 等
十六进制	#FF0000、#FF6600
rgb(r,g,b)	rgb(255,0,0)

2．对齐方式（text-align）

text-align 属性用于设置文本内容的水平对齐方式。其属性值如表 3-7 所示。例如，设置段落的文本内容对齐方式为水平居中，则 CSS 样式代码为 p{text-align: center;}。

表 3-7　text-align 属性值

属 性 值	说　　明
left	左对齐（默认值）
center	居中对齐
right	右对齐

注意：text-align 属性仅适用于块级元素，行内元素无效。

3．文本修饰（text-decoration）

text-decoration 属性用于设置文本的修饰效果，可以给文本添加下画线、上画线、删除线等。其属性值如表 3-8 所示。例如，给段落的文本内容添加下画线，CSS 样式代码为 p{text-decoration: underline; }。

表 3-8　text-decoration 属性值

属 性 值	说　　明
none	没有修饰线（默认值，最常用）
underline	文本加下画线（常用）
overline	文本加上画线（几乎不用）
line-through	文本中间加删除线（不常用）

在实际开发中，text-decoration 属性最常用的属性值是 none。例如，将超链接 a 自带的下画线删除，则 CSS 样式代码为 a{text-decoration: none; }。

4．首行缩进（text-indent）

text-indent 属性用于指定段落的首行缩进的距离，取值为像素值或百分比值。一般情况下，段落的首行缩进为 2 个字符，CSS 样式代码为 p{text-indent:2em;}。

em 是一个相对单位，就是相对当前文字的大小来说的，2em 表示缩进当前元素两个文字大小的距离。建议使用 em 作为设置单位。

5．行间距（line-height）

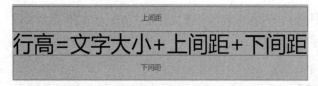

图 3-20　行高示例图

line-height 属性用于设置行间的距离，即可以控制文本行与行之间的距离（行高），取值单位可以为像素（px）、相对值（em）或百分比（%）。例如，设置文本的行高为 56 像素，则 CSS 样式代码为 p{line-height:56px;}。图 3-20 中，背景颜色部分的高度即为这段文本的行高。

【例 3-12】line-height 的应用

```
<!DOCTYPE html>
<html>
    <head>
        <meta charset="utf-8">
        <title>line-height 的应用</title>
```

【例 3-12】line-height 的应用

```
<style type="text/css">
    .box{
        width: 200px;
        height: 200px;
        margin: 0 auto;
        background-color: #FFB6C1;
        text-align: center;
        line-height: 200px;
    }
</style>
</head>
<body>
    <div class="box">文本居中显示</div>
</body>
</html>
```

上述代码实现了文本居中显示的效果，即文本水平居中和垂直居中。运行效果如图 3-21 所示。对于单行文本来说，当元素的 height 和 line-height 属性值相同时，可以实现文本在区域中垂直居中的特效。

图 3-21　line-height 的应用

3.1.7　任务实施

要实现修饰"致敬最美逆行者"新闻页面中的文字排版任务，就要先在模块 2 创建完成网页 beautiful.html 文件，并在文件中添加了文本内容和图像的基础上，完成如下操作步骤。

（1）在"项目管理器"列表中，右击 css 文件夹，选择"新建"→"CSS 文件"命令，如图 3-22 所示。

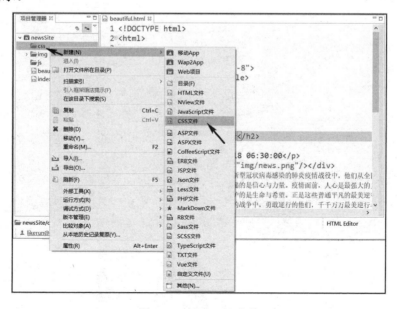

图 3-22　新建 CSS 文件

（2）在弹出的"新建 CSS 文件"对话框的 new_file.css 文本框中，为新建的 CSS 文件命名为 beautiful.css，并保留"选择模板"选区中 default 复选框的默认勾选状态，单击"创建"按钮，如图 3-23 所示。

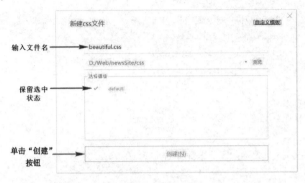

图 3-23   新建 beautiful.css 样式文件

（3）在 beautiful.css 标签上单击，如图 3-24 所示。首先按住鼠标左键并向右侧拖曳鼠标，将窗口拆分成左右两块，然后按住 Alt+Shift+8 组合键，将窗口分栏显示成上下两块，如图 3-25 所示。

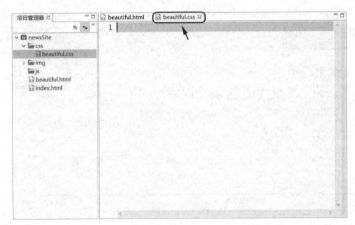

图 3-24   CSS 窗口

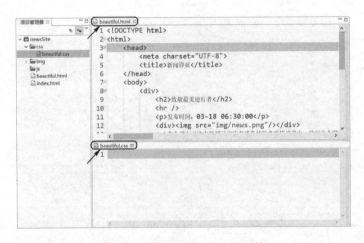

图 3-25   将窗口拆分为上下结构

（4）在 beautiful.css 窗口中输入程序代码，如下：

```
h2{
    text-align: left;
    font-family: "微软雅黑";
    font-size: 30px;
    color: #4D4F53;
    letter-spacing: 2px;
}
p{
    font-family: "微软雅黑";
    font-size: 18px;
    color: #4D4F53;
    text-indent: 2em;
    line-height: 180%;
}
.pfirst{
    text-align: right;
    font-style: italic;
    font-size: 14px;
    color: #777777;
}
```

（5）在 beautiful.html 窗口中设置对 beautiful.css 文件的链接，并在第一个<p>标记中应用定义的样式 pfirst，如图 3-26 所示。

图 3-26　应用 pfirst 样式

3.2 任务 2：控制元素属性

【任务描述】

通过学习本任务，主要是让学习者重点掌握"万物皆盒子"的思想。用这个假设的盒子模型设置各个元素与网页之间的空白距离，如元素的边框宽度、颜色、样式，以及元素内容与边框之间的空白距离。通过盒子模型来控制网页中元素的位置、布局属性等，效果如图 3-27 所示。

图 3-27　新闻页面布局

3.2.1 盒子模型

盒子模型就是把 HTML 页面中的布局元素看作一个矩形的盒子，由宽度（width）、高度（height）、边框（border）、外边距（margin）、内边距（padding）、内容（content）组成，如图 3-28 所示。

图 3-28　盒子模型的组成

3.2.2 边框属性

在 CSS 中盒子的 border 属性可以设置盒子的边框，边框是由边框粗细（border-width）、边框样式（border-style）、边框颜色（border-color）三部分组成。其基本语法格式如下：

```
border: border-width || border-style || border-color
```

说明：border-width、border-style、border-color 是没有顺序的。

（1）border-width：设置边框的粗细，常用的取值单位为像素 px。

（2）border-style：设置边框的样式，常用的取值有实线 solid、虚线 dashed、点线 dotted 等。

（3）border-color：设置边框的颜色，常用的取值为预定义的颜色名称（如 red）、十六进制（如#0000FF 或#00F）、rgb 函数等。

盒子的上下左右 4 个边框可以设置不同的样式，可以使用 border-top、border-right、border-bottom、border-left 分别设置上边框、右边框、下边框、左边框的样式。

【例 3-13】边框属性的设置

【例 3-13】边框属性的设置

```html
<!DOCTYPE html>
<html>
    <head>
        <meta charset="utf-8">
        <title>border 属性</title>
        <style type="text/css">
            .main {
                width: 580px;
                font-family: "微软雅黑";
                /* 边框属性分开写 */
                border-width: 1px;
                border-style: solid;
                border-color:red;
                /* 或边框属性合写 */
                /* border: 1px solid red; */
            }
            h1 {
                text-align: center;
                letter-spacing: 2px;
                border-bottom: 3px double blue;
            }
            p {
                font-size: 18px;
                text-indent: 2em;
                line-height: 180%;
            }
            em {
                font-weight: bold;
                border-left: 4px solid red;
            }
            span {
                border-top: 1px solid blue;
                border-bottom: 1px solid blue;
            }
        </style>
    </head>
    <body>
        <div class="main">
```

```
        <h1>工匠精神</h1>
        <p><em>工匠精神</em>，英文是 Craftsman's spirit，是一种<span>职业精
神</span>，它是职业道德、职业能力、职业品质的体现，是从业者的一种职业价值取向和行为表现。</p>
        <p><em>工匠精神</em>，基本内涵包括敬业、精益、专注、创新等方面的内容。</p>
    </div>
    </body>
</html>
```

运行效果如图 3-29 所示。

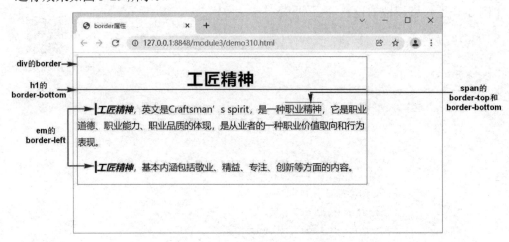

图 3-29　border 属性的应用效果

在上述代码中，对块级元素 div 设置上下左右 4 个边框，对<h1>标记设置下边框，对<em>标记设置左边框，对<span>标记设置上下边框，页面中所有的元素都可以看作盒子，进行盒子的属性设置，可谓是"万物皆盒子"。

3.2.3　边距属性

1．内边距

padding 属性用于设置内边距，也被称为盒子内部填充距离，即盒子内部边框与内容之间的距离。其取值有 4 种情况，如表 3-9 所示。

表 3-9　padding 属性值

属　性　值	说　　明
padding:10px;	指定 1 个值，表示上、下、左、右边框的内边距都是 10px
padding:10px 15px	指定 2 个值，中间用空格间隔，表示上、下边框的内边距是 10px，左、右边框的内边距是 15px（上下边框对称，左右边框对称）
padding:10px 15px 20px	指定 3 个值，表示上边框的内边距是 10px，左、右边框的内边距是 15px，下边框的内边距是 20px。按照上、右、下、左的顺时针方向赋值，左没有赋值，左与右对称，所以左边框的内边距为 15px
padding:10px 15px 20px 30px	指定 4 个值，表示上、右、下、左边框的内边距分别为 10px、15px、20px、30px，按照顺时针方向赋值

有时，可以使用 padding-top、padding-bottom、padding-left、padding-right 分别设置上内

边距、下内边距、左内边距、右内边距。

【**例 3-14**】padding 属性的应用

【例 3-14】padding 属性的应用

```
<!DOCTYPE html>
<html>
    <head>
        <meta charset="utf-8">
        <title>padding 属性</title>
        <style type="text/css">
            .main {
                width:580px;
                font-family: "微软雅黑";
                border: 1px solid red;
                /* 设置 div 盒子内部左右填充 50px */
                padding:0px 50px;
            }
            h1 {
                text-align: center;
                letter-spacing: 2px;
                border-bottom: 2px solid blue;
                /* 设置 h1 盒子内部底端填充 40px */
                padding-bottom: 40px;
            }
            p {
                font-size: 18px;
                text-indent: 2em;
                line-height: 180%;
                border: 1px solid blue;
            }
            em{
                font-weight: bold;
                border-left: 4px solid red;
                /* 设置 em 盒子内部左侧填充 5px */
                padding-left: 5px;
            }
            span {
                border-top: 1px solid blue;
                border-bottom: 1px solid blue;
                /* 设置 span 盒子内部上下填充 3px，左右填充 10px */
                padding: 3px 10px;
            }
        </style>
    </head>
    <body>
        <div class="main">
            <h1>工匠精神</h1>
            <p><em>工匠精神</em>，英文是 Craftsman's spirit，是一种<span>职业精
神</span>，它是职业道德、职业能力、职业品质的体现，是从业者的一种职业价值取向和行为表现。</p>
```

```
        <p><em>工匠精神</em>，基本内涵包括敬业、精益、专注、创新等方面的内容。</p>
      </div>
    </body>
</html>
```

运行效果如图 3-30 所示。

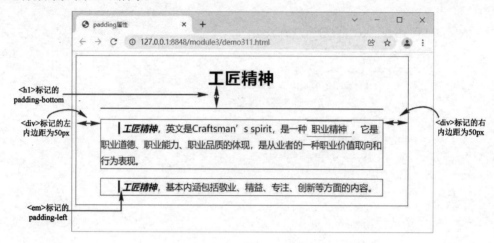

图 3-30   padding 属性的应用效果

盒子的内边距（内部填充距离）可以进行如下类比。想象邮寄快递时，快递盒子中盛放的是玻璃瓶，那么我们就要考虑在外层快递盒子中放一层填充物，让填充物对里面的玻璃瓶进行保护，这层填充物的厚度就是外层快递盒子的内部填充距离，即内边距。代码中外层标记<div>通过类选择器 main 设置了 padding:0px 50px;，使得外层 div 盒子的内边距上下是 0 像素，左右是 50 像素；<h1>标记设置了 padding-bottom:40px;，使得 h1 盒子的下内边距是 40 像素；<em>标记设置了 padding-left:5px;，使得 em 盒子的左内边距是 5 像素；<span>标记设置了 padding: 3px 10px;，使得 span 盒子的上下内边距是 3 像素，左右内边距是 10 像素。

需要说明的是，padding 属性会使盒子变形，如盒子 div 引用类选择器 main 的样式定义。代码如下：

```
.main {
    width:580px;
    font-family: "微软雅黑";
    border: 1px solid red;
    /* 设置 div 盒子内部左右填充 50px */
    padding:0px 50px;
}
```

在代码中，类选择器 main 定义了块级元素 div 的宽度为 580px、左右各 1px 边框线、盒子内部左右各填充 50px，那么此时 div 盒子在页面中实际占有宽度并不是预先计划的 580px，而是 580+1+1+50+50=682px。代码 padding:0px 50px;，实际上是将盒子宽度增加了 100px。如果网页设计的内容密集，那么盒子在使用 padding 属性时，务必谨慎，否则会对页面中其他元素造成影响。可以在浏览器下，按 F12 键，查看页面元素，在页面中选取块级元素 div，查看块级元素 div 的各个属性的设置，如图 3-31 所示。

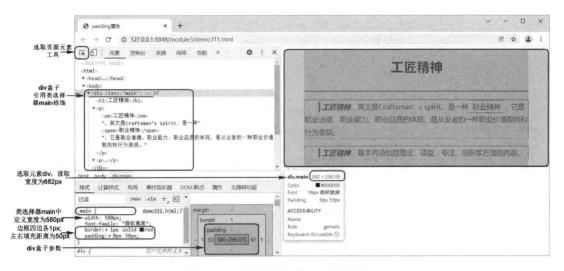

图 3-31　读取页面元素 div 的属性值

2. 外边距

margin 属性用于设置外边距，控制盒子与盒子之间的距离，即两个盒子之间的距离。margin 是一个复合属性，与 padding 的用法类似。使用 margin-top、margin-right、margin-bottom、margin-left 分别设置上外边距、右外边距、下外边距、左外边距。

当块级元素（如 div、h1、p 等）指定了宽度，并将左右外边距设置为 auto 时，可以让块级元素在所处空间中水平居中，常见的写法是 div{width:200px;margin:0 auto;}。在实际开发中常用这种方式进行网页布局，这也是外边距的典型应用。

注意：行内元素（如 span、em 等）或行内块元素想要设置水平居中，因为不是独立的块结构，不能通过 margin:auto;实现，可以通过给其父元素添加 text-align: center;实现。

网页元素很多都带有默认的内外边距，而且不同浏览器默认的样式也不一致。因此，在网页布局前，需要先清除网页元素的内外边距，示例代码为*{margin:0;padding:0;}或对需要设置的标记进行集体设置，示例代码为 body,div,h1,h2,p{margin:0px;padding:0px;}。

【例 3-15】margin 属性的应用

【例 3-15】margin 属性的应用

```
<!DOCTYPE html>
<html>
    <head>
        <meta charset="utf-8">
        <title>margin 属性</title>
        <style type="text/css">
            /* 设置页面中所有元素初始内外边距为 0 */
            *{
                margin: 0px;
                padding: 0px;
            }
            .main {
                width:580px;
                font-family: "微软雅黑";
                border: 1px solid red;
```

```
            padding:0px 50px;
            /* 设置 div 盒子水平自动居中*/
            margin:0px auto;
        }
        h1 {
            text-align: center;
            letter-spacing: 2px;
            border: 1px solid blue;
            /* 设置 h1 盒子的下外边距为 30px */
            margin-bottom: 30px;
        }
        p {
            font-size: 18px;
            text-indent: 2em;
            border: 1px solid red;
            /* 设置 p 盒子的上外边距为 40px */
            margin-top: 40px;
        }
        em{
            font-weight: bold;
            border-left: 4px solid red;
            padding-left: 5px;
        }
        span {
            border: 1px solid blue;
            /* 设置 span 盒子的上下左右外边距；观察行内元素上下外边距无效 */
            margin:30px;
        }
    </style>
</head>
<body>
    <div class="main">
        <h1>工匠精神</h1>
        <p><em>工匠精神</em>，英文是 Craftsman's spirit，是一种<span>职业精
神</span>，它是职业道德、职业能力、职业品质的体现，是从业者的一种职业价值取向和行为表现。</p>
        <p><em>工匠精神</em>，基本内涵包括敬业、精益、专注、创新等方面的内容。</p>
    </div>
</body>
</html>
```

运行效果如图 3-32 所示。

注意：如果上下相邻的两个块级元素，上面的块级元素设置下外边距，如代码中 h1 设置 margin-bottom:30px;，下面的块级元素设置上外边距，如代码中 p 设置 margin-top: 40px;，则它们之间的垂直间距是取两个值中的较大者，即为 40px，而不要错误地认为是 30px+40px=70px。

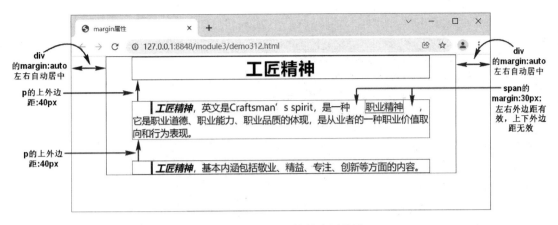

图 3-32　margin 属性的应用效果

3.2.4　浮动

1．HTML 中文档流和文本流

文本流，简单来说，就是页面中某元素内部文字的排列规则，从左到右、从上到下。

文档流（normal flow），又称标准流、正常流、普通流、常规流等。文档流指的是 HTML 在布局排版的过程中，所有处于文档流中的元素会自动从上到下（块级元素）、从左到右（非块级元素）排列。

文档流中每个块级元素，按照 HTML 的创建顺序自上而下，一行一行排列。每个块级元素独占一行，相邻行内元素在每行中从左到右依次排列。

【例 3-16】文档流中元素排列效果

【例 3-16】文档流中元素排列效果

```
<!DOCTYPE html>
<html>
    <head>
        <meta charset="utf-8">
        <title>文档流效果</title>
        <style type="text/css">
            *{
                margin: 0px;
                padding: 0px;
            }
            .main {
                width: 540px;
                font-family: "微软雅黑";
                border: 1px solid red;
                margin: auto;
            }
            h1 {
                text-align: center;
                letter-spacing: 2px;
                border: 1px solid blue;
                margin-bottom: 10px;
```

```
            }
            p {
                font-size: 18px;
                text-indent: 2em;
                line-height: 180%;
                border: 1px solid blue;
            }
            span{
                border: 1px solid red;
            }
        </style>
    </head>
    <body>
        <div class="main">
            <h1>工匠精神</h1>
            <p>工匠精神，英文是 Craftsman's spirit，是一种职业精神，它是<span>职
业道德</span>、<span>职业能力</span>、<span>职业品质</span>的体现，是从业者的一种职业价
值取向和行为表现。工匠精神，基本内涵包括敬业、精益、专注、创新等方面的内容。</p>
        </div>
    </body>
</html>
```

运行效果如图 3-33 所示。

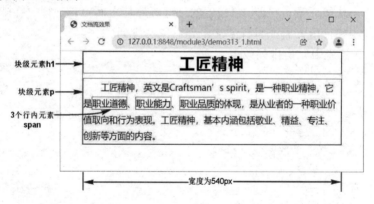

图 3-33　文档流的运行效果

从运行效果可以看出，各个元素遵循了文档流的排列规则。块级元素 div、h1、p，按照在 HTML 中的创建顺序排列。其中，div 为父元素，在外层；h1、p 两个子元素在内层，且自上而下排列，各自独占一行；3 个行内元素 span 在一行中，自左向右排列。

2. 块级元素与行内元素的相互转换

在 HTML 中，大多数元素被定义为块级元素或行内元素（也称内联元素）。块级元素在浏览器显示时，通常会以新行开始（和结束）。行内元素在显示时，通常不会以新行开始。

在文档流中，块级元素如果没有定义宽度，则父元素有多宽，子元素就有多宽，即水平100%的占满父元素的宽度。如果没有定义高度，则高度靠其中承载内容的多少撑起盒子的高。而行内元素不具有宽度和高度属性，行内元素中的内容占多宽的距离，行内元素就多宽。

块级元素和行内元素之间可以通过 display 属性实现相互转换。

display 属性用于设置或返回元素的显示类型，常用属性值如表 3-10 所示。

表 3-10　display 属性的常用属性值

属 性 值	说　　明
block	元素呈现为块级元素
inline	元素呈现为行内元素（内联元素）
inline-block	元素呈现为行内盒子里的块盒子，使元素既具备行内元素与其他元素同行的特征，又具备块级元素的宽高属性
none	元素不会被显示，且不占有在页面中的位置

【例 3-17】display 属性的应用

【例 3-17】display 属性的应用

```
<!DOCTYPE html>
<html>
    <head>
        <meta charset="utf-8">
        <title>display 属性的应用</title>
        <style type="text/css">
            * {
                margin: 0px;
                padding: 0px;
            }
            .main {
                width: 540px;
                font-family: "微软雅黑";
                border: 1px solid red;
                margin: 20px auto;
                padding: 5px;
            }
            h1 {
                /* 将块级元素转换为行内元素 */
                display: inline;
                border: 1px solid pink;
            }
            h2 {
                /* 将块级元素转换为行内元素 */
                display: inline;
                border: 1px solid pink;
            }
            .info {
                font-size: 18px;
                line-height: 180%;
                border: 1px solid blue;
                margin-top: 10px;
                /* 将块级元素设置为不显示 */
                display: none;
            }
            span {
```

```
        /* 将行内元素转换为块级元素 */
        display: block;
        /* 设置块级元素的宽度和高度 */
        width: 240px;
        height: 40px;
        text-align: center;
        line-height: 40px;
        /* 块级元素的上下外边距有效 */
        margin:20px auto;
        background-color: lightgreen;
    }
    .main:hover{
        cursor: pointer;
    }
    .main:hover .info{
        /* 当光标悬浮在外层盒子上时，info 显示样式
        当光标离开外层盒子时，info 不显示样式
         */
        display: block;
    }
    </style>
</head>
<body>
    <div class="main">
        <h1>工匠精神</h1>
        <h2>英文是 Craftsman's spirit</h2>
        <div class="info">
        是一种职业精神，它是<span>职业道德、</span><span>职业能力、
</span><span>职业品质</span>的体现，是从业者的一种职业价值取向和行为表现。工匠精神，基本
内涵包括敬业、精益、专注、创新等方面的内容。
        </div>
    </div>
</body>
</html>
```

运行效果如图 3-34 所示。

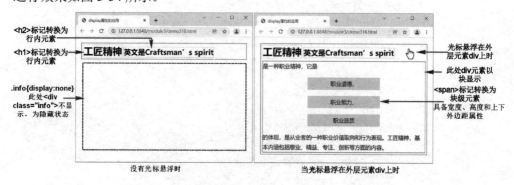

图 3-34　display 属性的应用效果

上述代码中，h1、h2 元素本是块级元素，应该具有各自独占一行的特征，通过 display 属性设置为 inline，将其转换为行内元素。从运行效果中可以看出 h1、h2 元素显示在一行内。代码中设置了 3 个行内元素 span 的 display 属性为 block，将其转换为块级元素，从而使其具有了宽度、高度和上下外边距属性。代码中设置了 info 类的 display 属性为 none，即设置引用了 info 类的元素为不显示。代码中对.main:hover.info{…}的定义，首先通过伪类选择的方式选取引用 main 类修饰元素的光标悬浮状态 hover，在 hover 状态下选取其后代元素中引用了 info 类修饰的元素，即当光标悬浮在外层元素 div 上时，设置其后代元素中被 info 类修饰的 div 元素，所以我们可以在图 3-34 的左侧窗口中看到"工匠精神"标题的下方不显示详细解释的 div 元素，而当光标悬浮在外层元素 div 上时，"工匠精神"标题的下方显示出详细解释的 div 元素（见图 3-34），从而实现了详细解释工匠精神的 div 元素显示和隐藏的切换。

3．浮动的特点和浮动带来的影响

在网页布局时，经常使用 float（浮动）和 position（定位）两种技术来实现页面元素"脱离正常文档流"，从而可以随心所欲地控制页面的布局。其中，float 最典型的应用是可以让多个块级元素在一行内水平排列显示。

在 CSS 中，通过 float 属性来定义浮动。其基本语法格式如下：

选择器{float:属性值;}

float 常用的属性值有 none（默认值，不浮动）、left（左浮动）、right（右浮动）。

利用 float 属性将设置了浮动的元素移动到一边，直到左边缘（左浮动）或右边缘（右浮动）触及包含块或另一个浮动元素的边缘。

【例 3-18】float 的特点及影响

【例 3-18】float 的特点及影响

```
<!DOCTYPE html>
<html>
    <head>
        <meta charset="utf-8">
        <title>浮动</title>
        <style type="text/css">
            *{
                margin: 0px;
                padding: 0px;
            }
            .main {
                width: 540px;
                font-family: "微软雅黑";
                border: 1px solid red;
                margin:20px auto;
            }
            h1 {
                text-align: center;
                letter-spacing: 2px;
                border: 1px solid blue;
                /* 设置 h1 元素向左浮动，对比设置浮动前后变化 */
                float: left;
```

```
        }
        p {
            font-size: 18px;
            /* line-height: 180%; */
            border: 1px solid blue;
            background-color: pink;
        }
    </style>
</head>
<body>
    <div class="main">
        <h1>工匠精神</h1>
        <p>工匠精神，英文是Craftsman's spirit，是一种职业精神，它是职业道德、
职业能力、职业品质的体现，是从业者的一种职业价值取向和行为表现。工匠精神，基本内涵包括敬业、
精益、专注、创新等方面的内容。</p>
    </div>
</body>
</html>
```

上述代码中，对块级元素 h1 样式添加向左浮动（float: left;）前后的效果，如图 3-35 所示。

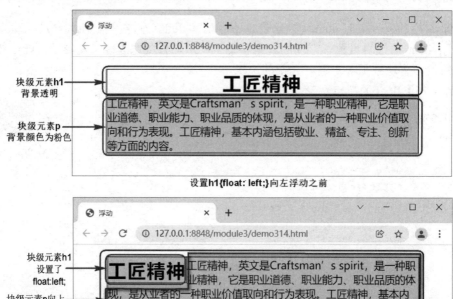

图 3-35　块级元素 h1 设置向左浮动前后的效果

上述代码中，对 h1 盒子设置了向左浮动，文档流对设置了浮动的盒子不再保留其在文档流中原来的位置，即 h1 盒子脱离了文档流并且向左移动直到左边缘触及包含 h1 盒子的外层盒子 div 的左边框。一个盒子一旦设置了浮动，其他元素则当它不存在，原本在它后面的

块级元素 p，按文档流自上向下排列原则，将向上移动。通过 p 盒子的背景色可以看出 p 盒子上移了。

　　float 属性使盒子脱离了文档流，但是并没有脱离文本流，依旧占有文本流中的位置。所以当 p 盒子里的文本内容的高度多于浮动盒子 h1 的高度时，其按照文本布局从左到右，从上到下的文本流排列规则，呈现出文本内容对 h1 盒子的环绕效果。h1 盒子在文本流中占有的位置，就像小河流水时小河中有一块突起的石头，流水流经石头，必然环绕石头，继续奔流向前一样。

　　设置了浮动的元素最重要的特点是：（1）浮动的元素会脱离文档流，不再保留原有的位置；（2）浮动的元素会具有与行内块元素（display:inline-block）相似的特征；（3）浮动的元素会在一行内显示且与元素顶部对齐；（4）如果块级元素没有设置宽度，默认宽度和父级元素一样宽，但是设置了浮动后，它的大小根据内容来决定；（5）任何元素都可以浮动，不管原先是什么模式的元素。

　　【例 3-19】多个元素的浮动效果

【例 3-19】多个元素的浮动效果

```
<!DOCTYPE html>
<html>
    <head>
        <meta charset="utf-8">
        <title>浮动 float 的应用</title>
        <style type="text/css">
            * {
                margin: 0px;
                padding: 0px;
            }
            .main {
                width: 400px;
                font-family: "微软雅黑";
                border: 1px solid red;
                margin: 20px auto;
            }
            h1 {
                text-align: center;
                letter-spacing: 2px;
                border: 1px solid blue;
                /* 设置向左浮动 */
                float: left;
                /* 指定盒子宽度 */
                width: 100px;
            }
            p {
                font-size: 18px;
                line-height: 180%;
                border: 1px solid blue;
                background-color: pink;
                /* 设置向左浮动 */
                float: left;
```

```
            /* 指定盒子宽度 */
            width: 120px;
        }
    </style>
</head>
<body>
    <div class="main">
        <h1>工匠精神</h1>
        <p>(1) 工匠精神，英文是 Craftsman's spirit，是一种职业精神</p>
        <p>(2) 它是职业道德、职业能力、职业品质的体现</p>
        <p>(3) 是从业者的一种职业价值取向和行为表现。</p>
        <p>(4) 工匠精神，基本内涵包括敬业、精益、专注、创新等方面的内容。</p>
    </div>
</body>
</html>
```

运行效果如图 3-36 所示。

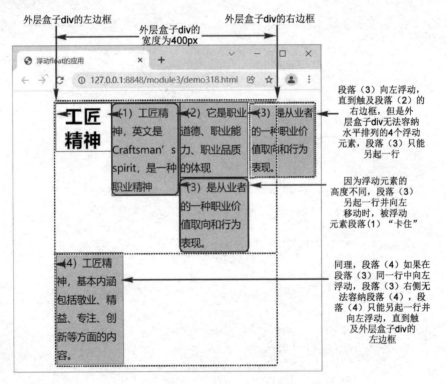

图 3-36　多元素浮动的效果

上述代码中，设置外层盒子 div 的宽度为 400px、h1 盒子的宽度为 100px、p 元素的宽度为 120px，将 h1 盒子和所有的 p 元素都设置了左浮动；h1 盒子左浮动将脱离文档流且向左移动，直到触及外层盒子 div 的左边框停止；段落（1）的第一个 p 元素，向左浮动，直到触及 h1 盒子的右边框停止，并且顶部与 h1 盒子对齐；段落（2）向左浮动，直到触及段落（1）的右边框停止；同理，段落（3）向左浮动，应该直到触及段落（2）的右边框停止，但是外层盒子 div 的宽度无法容纳水平排列的 4 个浮动元素，所以段落（3）只能另起一行并向左移动，因为浮动元素的高度不同，段落（3）被浮动的段落（1）元素"卡住"；同理，段落（4）向左浮动，如果在段落（3）同一行中向左浮动，段落（3）右侧剩余空间无法容纳段落（4），所以段落（4）只能另起一行并向左浮动，直到触及外层盒子div 的左边框，浮动的元素是紧挨在一起的，之间没有缝隙。

【例 3-20】float 的应用

【例 3-20】float 的应用

```
<!DOCTYPE html>
<html>
    <head>
        <meta charset="utf-8">
        <title>浮动 float 的应用</title>
        <style type="text/css">
            *{
                margin: 0px;
                padding: 0px;
            }
            .main {
                width: 400px;
                font-family: "微软雅黑";
                border: 1px solid red;
                margin:20px auto;
            }
            h1 {
                text-align: center;
                letter-spacing: 2px;
                border: 1px solid blue;
                margin-bottom: 5px;
                /* 设置向左浮动 */
                float: left;
                /* 指定盒子的宽度和高度 */
                width: 100px;
                height: 100px;
            }
            p {
                font-size: 18px;
                line-height: 180%;
                border: 1px solid blue;
                background-color: pink;
                /* p 设置右浮动 */
                float: right;
                width: 290px;
            }
        </style>
    </head>
    <body>
        <div class="main">
            <h1>工匠精神</h1>
```

```
        <p>工匠精神，英文是 Craftsman's spirit，是一种职业精神，它是职业道德、
职业能力、职业品质的体现，是从业者的一种职业价值取向和行为表现。工匠精神，基本内涵包括敬业、
精益、专注、创新等方面的内容。</p>
        </div>
    </body>
</html>
```

运行效果如图 3-37 所示。

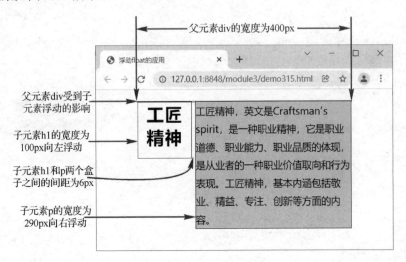

图 3-37　float 的应用效果

上述代码中，设置外层父元素 div 的宽度为 400px，设置其中子元素 h1 的宽度为 100px、向左浮动，子元素 h1 将脱离标准流向左移动，直到碰到父元素 div 的左边框；设置子元素 p 的宽度为 290px、向右浮动，子元素 p 将向右移动直到碰到父元素 div 的右边框；两个浮动元素在一行内显示，一个靠左，一个靠右，并且顶部对齐。所以两个元素之间的间隙是 400px-100px-290px-2px（子元素 h1 的左右边框线 border）-2px（子元素 p 的左右边框线 border）=6px。从运行效果中可以看出，通过对两个盒子分别设置左右浮动，可以实现页面水平的左右布局和在一行中左右分栏的效果。

元素一旦设置了浮动，将脱离文档流，其他元素则当他们不存在，对于处于正常文档流中的父元素 div 将失去浮动子元素原本撑起的高度，此外，代码中并没有指定父元素 div 自身的高度，所以会导致父元素 div 自身的高度塌陷。从运行效果可以看出，父元素 div 的高度为 0，父元素 div 的边框呈现为上下两条边框线贴合在一起的效果，两个子元素并没有被包裹在父元素中。

4. 清除浮动

浮动元素脱离文档流，会对其他元素造成影响。常用的清除浮动的方式有以下 3 种。

（1）设置父元素的 overflow 属性值为 hidden。

为避免所有的子元素都设置了浮动，导致父元素出现高度塌陷，可以通过设置父元素的 oveflow 属性值为 hidden 加以解决。在例 3-20 中，外层父元素<div class="main">因为内层两个子元素 h1 设置左浮动、p 设置右浮动，导致父元素 div 的高度为 0。此时在修饰父元素 div 的类 main 中添加清除浮动代码如下：

```
.main {
    width: 400px;
    font-family: "微软雅黑";
    border: 1px solid red;
    margin:20px auto;
    /*清除浮动，将父元素的overflow属性值设置为hidden*/
    overflow: hidden;
    /*为了盒子之间的间隔清晰便于观察，增加父元素的内部填充距离*/
    padding: 5px;
}
```

清除浮动后效果如图 3-38 所示。

图 3-38　设置 overflow 属性清除浮动的效果

这种清除浮动的方法代码简洁，但是当父元素指定了高度，而其中内容增多时，容易导致内容被隐藏，无法显示溢出的内容。这种方法在实际开发中也常见到，但是不推荐使用。

（2）通过添加额外标记设置 clear 属性。

在例 3-20 中，因为两个子元素都设置了浮动，导致父元素高度塌陷，这时可以在最后一个浮动元素后，新增一个标记，通过设置 clear:both;来清除浮动的影响，代码如图 3-39 所示。

图 3-39　设置 clear 属性清除浮动的效果

这种清除浮动的方法，通俗易懂、简洁，但是添加额外无意义的标记，会使得 HTML 文档语义化差。这种方法在实际开发中虽然也常见到，但是不推荐使用。

（3）通过伪元素设置 clear 属性。

对于例 3-20 中父元素受子元素浮动的影响，我们无须在 HTML 文档中添加新标记，只需要定义浮动元素的父元素的::after 伪元素样式即可。这样既可以保持 HTML 的结构清晰、简洁、易读易维护，又可以实现网页内容与样式更好地分离。这种清除浮动的方式是实际开发中最常使用的方式，推荐使用，代码如图 3-40 所示。

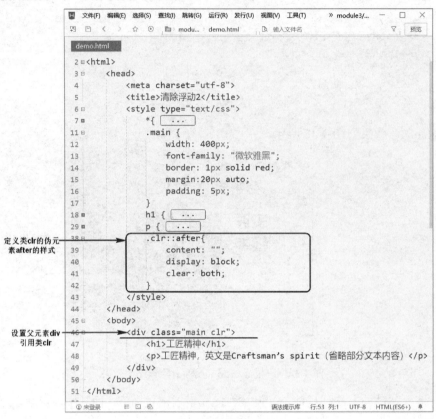

图 3-40　使用伪元素清除浮动的效果

上述代码中，选择页面中引用了 clr 类的元素，即外层父元素 div，通过在伪元素::after 后面添加 HTML 内容，具体添加的内容用 content 属性设置为空，并指定添加的为块级元素，清除两端浮动的效果。需要说明的是，设置清除浮动的类一定要应用给父元素。

3.2.5　定位

在 CSS 中，可以通过定位属性 position 实现对网页元素进行精确定位。所谓定位，就是将盒子定在某一个位置。它是由定位模式和偏移两部分组成。

定位模式决定元素的定位方式，通过 CSS 的 position 属性来设置，常用的取值有 4 个，即 static（静态定位，默认定位方式）、relative（相对定位）、absolute（绝对定位）、fixed（固定定位）。

偏移就是将定位的盒子移动到最终位置。在 CSS 中，可以通过偏移属性 top、bottom、left、right 精确定义元素的位置。

下面介绍主要的 4 类定位，分别是静态定位、相对定位、绝对定位和固定定位。

1. 静态定位

静态定位是默认定位方式，position 属性值为 static。任何元素在默认状态下都以静态定位来确定自己的位置，该定位没有偏移。

2．相对定位

相对定位是元素在移动位置时，相对自己原来的位置而言的，position 属性值为 relative。

【例 3-21】相对定位的应用

【例 3-21】相对定位的应用

```
<!DOCTYPE html>
<html>
    <head>
        <meta charset="utf-8">
        <title>相对定位</title>
        <style type="text/css">
            *{
                margin: 0px;
                padding: 0px;
            }
            .main {
                width: 400px;
                font-family: "微软雅黑";
                border: 1px solid red;
                margin:20px auto;
                padding: 5px;
                cursor: pointer;
            }
            h1 {
                letter-spacing: 2px;
                border: 1px solid blue;
                margin-bottom: 10px;
                text-align: center;
            }
            div.play{
                width: 70px;
                font-size: 18px;
                border: 1px solid blue;
                text-align: center;
            }
            div.explain{
                /* 设置游戏说明为粉色背景 */
                background-color: pink;
                text-align: center;
            }
            /* 当光标悬浮在外层父元素 div 的范围内，“点我”改变位置 */
            .main:hover .play{
                /* 设置“点我”元素为相对定位 */
                position: relative;
                left: 200px;
                top: 100px;
            }
```

```
        </style>
    </head>
    <body>
        <div class="main">
            <h1>小游戏</h1>
            <div class="play"><img src="img/hand.jpg" >点我</div>
            <div class="explain">游戏说明：请用鼠标单击"点我"，看看会怎样</div>
        </div>
    </body>
</html>
```

在程序运行中，当将光标悬浮在"点我"元素上欲单击时，该元素突然改变位置，当想要继续将光标移至元素的新位置单击"点我"时，元素又立刻恢复到初始位置，呈现始终"抓不到"的游戏效果。上述代码中，将"点我"元素设置为相对定位，通过设置偏移量 top:100px;和 left:200px;改变其位置，运行效果如图 3-41 所示。

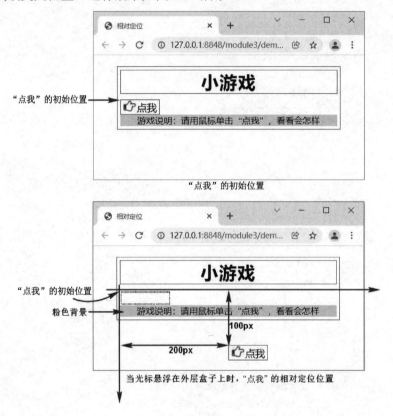

图 3-41　相对定位的效果

从图 3-41 中可以发现，"游戏说明"的粉色 div 元素并没有移上去，也就是说，相对定位是相对元素自己原来的位置发生偏移，但在文档流中原来的位置继续占有，即相对定位的元素并不脱离文档流，而是继续保留原来的位置。

3. 绝对定位

绝对定位是元素在移动位置时，依据最近的已定位（相对、绝对或固定定位）的父元素进行定位，position 属性值为 absolute。如果所有的父元素都没有设置定位或没有父元素，则以浏览器窗口进行定位。

将例 3-21 中，"点我"div 元素的相对定位 position:relative;模式更改为绝对定位 position: absolute;并设置偏移量，CSS 代码如下：

```
.main:hover .play{
    /* 设置元素"点我"为绝对定位 */
    position: absolute;
    left: 0px;
    top: 200px;
}
```

运行效果如图 3-42 所示。因为"点我"元素<div class="play">的父元素<div class="main">没有设置定位，所以以浏览器为准定位。

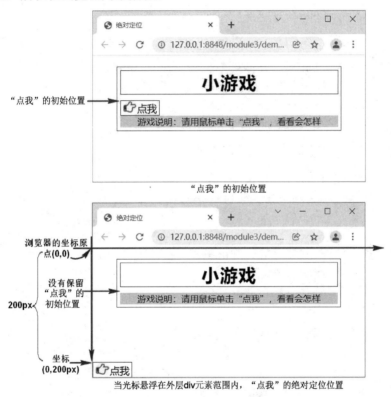

图 3-42　绝对定位的效果

从运行效果中可以看出，元素设置绝对定位是其"相对于"最近的已定位的祖先元素而言的，如果不存在已经定位的祖先元素，那么它的位置"相对于"浏览器的坐标原点定位。绝对定位使元素的位置与文档流无关，因此不再占据空间，完全脱离文档流及文本流。这一点与相对定位和浮动不同。

【例 3-22】"子绝父相"定位的应用

```
<!DOCTYPE html>
<html>
    <head>
```

【例 3-22】"子绝父相"定位的应用

```
<meta charset="utf-8">
<title>定位的应用</title>
<style type="text/css">
    * {
        margin: 0px;
        padding: 0px;
    }
    div.content {
        width: 400px;
        font-family: "微软雅黑";
        border: 1px solid red;
        margin: 20px auto;
        padding: 10px;
    }
    div.main{
        width: 140px;
        border: 1px solid blue;
        margin:20px auto;
        /* 父元素设置相对定位 */
        position: relative;
    }
    .hot{
        background-color: orange;
        padding:2px 5px;
        font-size: 18px;
        text-align: center;
        /* 子元素设置绝对定位 */
        position: absolute;
        top: -8px;
        left: 120px;
    }
    h1 {
        text-align: center;
        letter-spacing: 2px;
        /* 设置浅绿色背景 */
        background-color: lightgreen;
    }
    p {
        font-size: 18px;
        line-height: 180%;
        border: 1px solid blue;
        background-color: pink;
    }
</style>
```

```
    </head>
    <body>
        <div class="content">
            <div class="main">
                <h1>新闻头条</h1>
                <div class="hot">hot</div>
            </div>
            <p>人民对美好生活的向往，就是我们的奋斗目标。</p>
        </div>
    </body>
</html>
```

运行效果如图 3-43 所示。

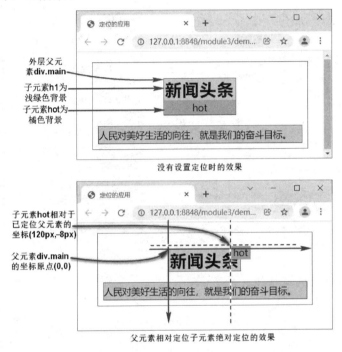

图 3-43　定位应用的效果

从运行效果中可以看出，在设置定位之前，子元素 div.hot 与子元素 h1 在父元素 div.main 中按照文档流上下排列，因为两个子元素没有指定宽度，所以占父元素 100%的宽度。当父元素 div.main 设置了相对定位，子元素 div.hot 设置了绝对定位时，子元素脱离文档流，宽度由内容多少决定，且相对于已定位的父元素偏移 left 和 top 值。此外，定位的子元素 div.hot 在父元素的前层，如需修改元素前后层的关系，可以通过 z-index 属性设置。

z-index 属性用于设置元素的层次，只有定位了的元素，才能有 z-index 值。也就是说，不论是相对定位、绝对定位，还是固定定位，都可以设置 z-index 值。z-index 的属性值没有单位，是一个正负整数，默认的 z-index 值是 0。如果元素都没有设置 z-index 值或元素的 z-index 值一样，那么哪个元素在 HTML 文档中后创建，哪个元素就在上层，而设置定位的元素，永远能够压住没有定位的元素。

注意： 绝对定位是脱离文档流的，不占有原来的位置。因此，在网页布局时，通常父元素需要占有位置，采用相对定位 relative；子元素不需要占有位置，采用绝对定位 absolute，这就是所谓的"子绝父相"。在实际开发中，子元素相对于父元素的定位，务必要遵守"子绝父相"的原则。

4. 固定定位

固定定位是元素固定于浏览器可视区的某个位置，以浏览器的可视窗口为参照点移动元素，与父元素没有任何关系。position 属性值为 fixed。

例如，央视网首页中固定在页面右侧的侧边栏菜单，就是使用了固定定位技术。当窗口滚动条向下滚动翻屏时，固定定位的侧边栏菜单的位置始终不会发生改变，如图 3-44 所示。

图 3-44　央视网中固定的侧边栏

【例 3-23】固定定位的应用

【例 3-23】固定定位的应用

```html
<!DOCTYPE html>
<html>
    <head>
        <meta charset="utf-8">
        <title>固定定位</title>
        <style type="text/css">
            body{
                margin: 0px;
                padding: 0px;
            }
            img{
                width: 500px;
            }
            h1{
                text-align: center;
            }
```

```
        .box1{
            /* 指定版心盒子宽度为800px */
            width: 800px;
            height: 3000px;
            background-color: pink;
            margin: 0 auto;
            border: 1px solid red;
            text-align: center;
        }
        .box2{
            /* 设置侧边栏盒子固定定位 */
            position: fixed;
            top: 200px;
            /* 取浏览器宽度的一半 */
            left:50%;
            /* 利用margin向右移动版心盒子宽度的一半距离+5px */
            margin-left: 405px;
            width: 80px;
            height: 200px;
            background-color: lightskyblue;
            font-size: 24px;
            border: 1px solid blue;
        }
    </style>
</head>
<body>
    <div class="box1">
        <h1>版心盒子</h1>
        <img src="img/pic1.JPG" >
        <h1>图片1</h1>
        <img src="img/pic2.JPG" >
        <h1>图片2</h1>
        <img src="img/pic3.JPG" >
        <h1>图片3</h1>
    </div>
    <div class="box2">固定的侧边栏</div>
</body>
</html>
```

上述代码中，实现的是将侧边栏盒子 box2 固定到版心盒子 box1 的右侧，如图 3-45（a）所示。将光标放在右侧的滚动条进行滚动时，发现固定定位的盒子 box2 不随滚动条而滚动，如图 3-45（b）所示。因此，固定定位的元素在浏览器页面滚动时，元素的位置不会改变。

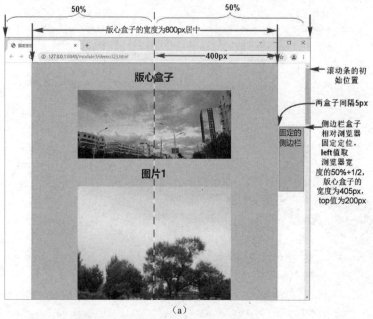

（a）

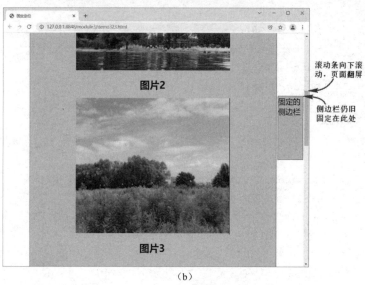

（b）

图 3-45　固定定位的效果

3.2.6　任务实施

完成控制元素属性的任务，实现的步骤如下。

（1）在 beautiful.html 文件中添加一对<div></div>标记，用于承载整个文章的区域，如图 3-46 所示。

（2）在 beautiful.css 文件中继续定义样式，代码如下：

```
#main{
    width: 1000px;
    border: 1px solid red;
```

```
    background-color: pink;
    margin: 0px auto;
}
#left{
    width: 70%;
    border: 1px solid blue;
    padding-top: 20px;
}
```

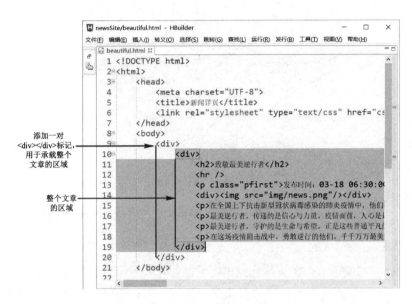

图 3-46　添加\<div\>\</div\>标记

（3）在 beautiful.html 文件中，对相应\<div\>标记的分别引用定义的样式，如图 3-47 所示。程序运行效果如图 3-48 所示。

图 3-47　DIV+CSS 样式布局

图 3-48　新闻详页的页面布局

3.3　任务 3：设置页面背景

【任务描述】

CSS 背景属性功能强大，在实际开发中，更推荐将元素的装饰性图像作为背景嵌入。通过学习本任务，让学习者掌握网页背景的处理，如插入背景图片、设置背景图片的重复属性、设置背景图片的位置等，完成"致敬最美逆行者"新闻详页的美化修饰，如图 3-49 所示。

图 3-49　添加页面背景

3.3.1　背景的设置

通过 CSS 背景属性，可以给页面元素添加背景样式，如背景颜色、背景图片、背景平铺、背景图片位置等。

1．背景颜色

background-color 属性用于设置网页元素的背景颜色，属性值与前面介绍的文本颜色的属性值一样。例如，设置 body 的背景颜色为 pink，则 CSS 代码为 body{background-color: pink;}

2．背景图片

background-image 属性用于设置网页的背景图片，属性值有两个，分别为 none（默认值，无背景图）、url（指定背景图片的地址）。例如，给 body 设置背景图片，CSS 代码为 body {background-image: url(图像.jpg);}

在实际开发中，背景图片的应用常见于网站的 Logo、一些小图片或超大的背景图片等。

3．背景平铺

如果需要在 HTML 页面上对背景图片进行平铺效果设置，可以使用 background-repeat 属性，其属性值如表 3-11 所示。例如，将 body 的背景图片设置为不平铺，则 CSS 代码为 body{ background-repeat: no-repeat;}。

表 3-11　background-repeat 属性值

属　性　值	说　　　明
repeat	默认值，背景图片在水平和垂直方向上平铺
no-repeat	背景图片不平铺
repeat-x	背景图片在水平方向上平铺
repeat-y	背景图片在垂直方向上平铺

4．背景图片位置

如果想要改变图片在背景中的位置，可以使用 background-position 属性。其语法格式为：

```
background-position: x  y;
```

说明：参数值 x、y 分别表示 x 坐标、y 坐标，可以使用精确单位值（如像素 px、百分比%）或方位名词（如 top、bottom、left、right、center）。

（1）如果参数值指定的是精确数值，则第一个值一定是 x 坐标，第二个值一定是 y 坐标。

（2）如果参数值只指定一个数值，则该数值一定是 x 坐标，另一个默认为垂直居中。

（3）如果参数值指定的两个数值都是方位名词，则两个数值与先后顺序无关，如 background-position: left top;与 background-position: top left;效果一样。

（4）如果参数值只指定一个方位名词，另一个数值省略，则第二个数值默认居中对齐。例如，background-position: right;第一个参数是 right，表示水平方向一定是靠右侧对齐；第二个参数省略，表示 y 轴是垂直居中显示的。

【例 3-24】背景设置

```
<!DOCTYPE html>
<html>
    <head>
        <meta charset="utf-8">
        <title>背景设置</title>
```

【例 3-24】背景设置

```
<style type="text/css">
    .box{
        width: 500px;
        height: 500px;
        line-height: 500px;
        text-align: center;
        margin: auto;
        background-color: pink;
        background-image: url(img/background.jpg);
        background-repeat: no-repeat;
        background-position:center;
        font-size: 40px;
        border: 1px solid blue;
    }
</style>
</head>
<body>
    <div class="box">Web 编程基础</div>
</body>
</html>
```

上述代码中，实现了给 box 盒子设置背景的样式，运行效果如图 3-50 所示。

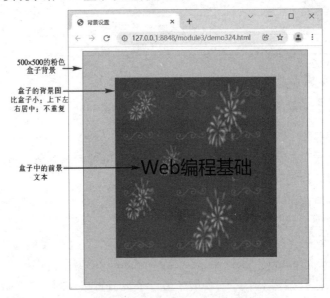

图 3-50　给 box 设置背景样式的效果

3.3.2　背景的运用技术

1. 简写属性

在例 3-24 中，使用了设置背景相关的 4 个属性。为了简化背景属性的代码，可以将其简写在同一个属性 background 中。当使用简写时，属性顺序自由且可以省略，省略时采用的是默认值。一般习惯按照以下顺序书写：

```
background : background-color background-image background-repeat background-
position;
```

例如，可以将例 3-24 中的 4 行相关的背景属性代码简写为：background: pink url(img/background.jpg) no-repeat center;。

2. 背景尺寸

使用 background-size 属性设置背景图像的尺寸，属性值如表 3-12 所示。

表 3-12　background-size 属性值

属 性 值	说　　明
length	设置背景图像的宽度和高度，第一个值设置宽度，第二个值设置高度。如果只设置一个值，则第二个值会被设置为 auto，自动等比例变化
percentage	以背景区域大小的百分比来设置背景图像的宽度和高度
cover	把背景图像的宽度和高度等比例扩展至足够大或足够小，以使背景图像完全覆盖背景区域。背景图像的某些部分也许无法显示在背景区域中
contain	把背景图像扩展至最大尺寸，以使其宽度或高度完全适应背景区域，且保证背景图像完整显示，但是可能在背景区域的宽度或高度并没有被完全覆盖

【例 3-25】背景尺寸设置

【例 3-25】背景尺寸设置

```
<!DOCTYPE html>
<html>
    <head>
        <meta charset="utf-8">
        <title>背景尺寸设置</title>
        <style type="text/css">
            .box {
                width: 300px;
                height: 300px;
                /* 背景图像大小为240px×150px */
                background: url(img/park.jpg) no-repeat;
                border: 1px solid red;
                color: white;
                text-align: center;
                margin-bottom: 10px;
            }
            .box1 {
                background-size: auto;
            }
            .box2 {
                background-size: cover;
            }
            .box3 {
                background-size: contain;
            }
        </style>
    </head>
```

```
<body>
    <span>图 1: background-size: auto;</span>
    <div class="box box1">
        <!-- 图 1 -->
    </div>
    <span>图 2: background-size:cover;</span>
    <div class="box box2">
        <!-- 图 2 -->
    </div>
    <span>图 3: background-size:contain;</span>
    <div class="box box3">
        <!-- 图 3 -->
    </div>
</body>
</html>
```

程序运行的页面效果如图 3-51 所示，背景图像的大小是 240px×150px，3 个 div 盒子的大小都是 300px×300px。当 background-size 值设置为 cover 时，背景图像扩展至完全覆盖背景区域，宽度和高度等比例变化，当高度扩展到 300px 时，宽度应该按比例放大到 480px，已大于盒子的宽度 300px，故有部分背景图像无法完全显示；当 background-size 值设置为 contain 时，背景图像扩展以使其宽度或高度完全适应背景区域，且保证背景图像完整显示，当背景图像的宽度扩展到 300px 时，将盒子宽度铺满，此时背景图像的高度按比例为 187.5px，小于盒子的高度 300px，故背景区域的高度并没有被完全覆盖。

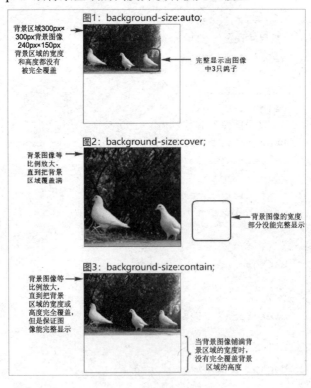

图 3-51　设置背景属性

3. 背景固定

background-attachment 属性用于设置背景图像是否固定或随着页面的其余部分滚动。默认属性值是 scroll，背景图像随着页面的滚动而滚动。当属性值设置为 fixed 时，背景图像固定，不会随着页面的滚动而滚动。

3.3.3 任务实施

实现设置页面背景任务，步骤如下。

（1）把即将作为背景图像的 conbg.png 图片放入网站的 img 文件夹，并在#left 样式的定义中，继续添加程序代码，设置此区域块的背景图像。程序代码如下：

```
#left{
    width: 70%;
    border: 1px solid blue;
    padding-top: 20px;
    /*设置背景图像*/
    background: url(…/img/conbg.png) repeat-y right;
    padding: 10px 60px 10px 0px;
}
```

（2）在 beautiful.css 文件中，定义 body 样式，设置浏览器主体区域的背景颜色。程序代码如下：

```
body{
    margin: 0px auto;
    background-color: #f5f5f5;
}
```

页面运行效果如图 3-52 所示。

图 3-52　新闻详页添加背景

（3）定义类选择器 pic 的样式，设置图片在区域块中左右居中，并使其应用于承载图像的<div>标记中，完成"最美逆行者"新闻页面的美化修饰，代码如图 3-53 所示。调试成功后，将#left 中定义的起辅助作用的蓝色边框线设置成注释语句。在制作复杂页面时，应使用背景色衬托元素边界，而不应使用边框线衬托元素边界。

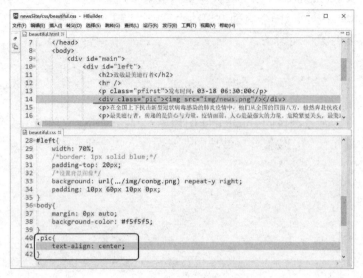

图 3-53　修饰前景图片

知识进阶

1．margin-top 塌陷问题

在文档流中，如果父元素的高度没有定义，那么父元素的高度就是由子元素的高度撑开的。也就是说，子元素有多高，父元素就有多高。程序代码如下：

```
<!DOCTYPE html>
<html>
    <head>
        <meta charset="UTF-8">
        <title>margin 塌陷问题</title>
        <style type="text/css">
            body {
                margin: 0px auto;
            }
            /*定义父元素样式*/
            .father {
                width: 400px;
                height: 300px;
                background-color: lightblue;
                text-align: center;
                font-size: 18px;
            }
            /*定义子元素样式*/
            .child {
```

```
                width: 200px;
                height: 200px;
                line-height: 200px;
                background-color: orange;
            }
        </style>
    </head>
    <body>
        <div class="father">
            <!--父元素-->
            <div class="child">
                子元素
            </div>
            <p>父元素</p>
        </div>
    </body>
</html>
```

页面运行效果如图 3-54 所示。

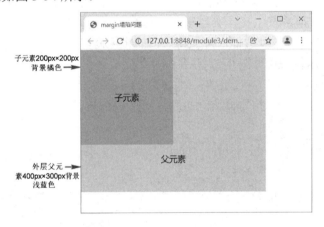

图 3-54　父子关系的盒子特征

当子元素设置 margin-top 值时，想让子元素上边界与父盒子上边框有一定距离，却出现了父元素也跟着子元素一起向下移动的情况，这种现象被称为 margin-top 塌陷问题。在上述代码中，仅对定义子元素样式的类选择器 child 添加 margin-top 定义。代码如下：

```
/*定义子元素样式*/
.child {
    width: 200px;
    height: 200px;
    line-height: 200px;
    background-color: orange;
    /*此处添加设置子元素向下移动 50px*/
    margin-top: 50px;
}
```

页面运行效果如图 3-55 所示。

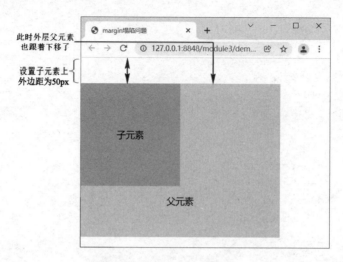

图 3-55　margin-top 塌陷问题

margin-top 塌陷问题的解决办法，包括以下几个方面。

（1）给父元素增加 border 属性。

为实现通过设置子元素 margin-top 属性让子元素下移的情况，使子元素上边界与父盒子上边框有一定距离，但不产生父元素也跟着一起向下移动的塌陷问题，可以对父元素添加 border 属性。如果不希望看到边框，可以将边框的颜色设置为透明 transparent。示例代码如图 3-56 所示，页面运行效果如图 3-57 所示。

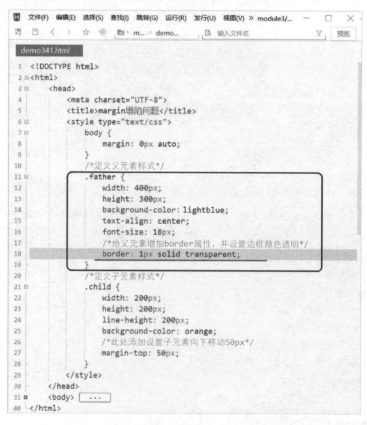

图 3-56　解决塌陷问题的方法 1

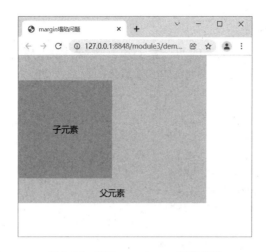

图 3-57　解决 margin-top 塌陷问题

（2）设置父元素的 overflow 属性值为 hidden。

为避免在设置子元素下移时父元素跟着下移造成塌陷的问题，可以通过设置父元素的 oveflow 属性值为 hidden 加以解决，如图 3-58 所示。

```
demo341.html
1  <!DOCTYPE html>
2 ⊟<html>
3 ⊟    <head>
4          <meta charset="UTF-8">
5          <title>margin塌陷问题</title>
6 ⊟       <style type="text/css">
7 ⊟           body {
8                  margin: 0px auto;
9              }
10             /*定义父元素样式*/
11 ⊟          .father {
12                 width: 400px;
13                 height: 300px;
14                 background-color: lightblue;
15                 text-align: center;
16                 font-size: 18px;
17                 /* border: 1px solid transparent; */
18                 overflow: hidden;
19             }
20             /*定义子元素样式*/
21 ⊟          .child {
22                 width: 200px;
23                 height: 200px;
24                 line-height: 200px;
25                 background-color: orange;
26                 /*此处添加设置子元素向下移动50px*/
27                 margin-top: 50px;
28             }
29         </style>
30     </head>
31 ▣   <body> ... 
40 </html>
```

图 3-58　解决塌陷问题的方法 2

2．margin 合并问题

在页面中，处于上下位置关系的两个盒子 div，如果上面的盒子 div 设置 margin-bottom:
100px;，下面的盒子 div 设置 margin-top:50px;，那么两个盒子 div 上下之间间距是 150px 吗？
程序代码如下：

```
<!DOCTYPE html>
<html>
    <head>
        <meta charset="UTF-8">
        <title>margin 合并问题</title>
        <style type="text/css">
            body {
                margin: 0px auto;
            }
            .box1 {
                width: 100px;
                height: 100px;
                background-color: cornflowerblue;
                margin-bottom: 100px;
            }
            .box2 {
                width: 100px;
                height: 100px;
                background-color: coral;
                margin-top: 50px;
            }
        </style>
    </head>
    <body>
        <div class="box1">
            上方 div
        </div>
        <div class="box2">
            下方 div
        </div>
    </body>
</html>
```

运行效果如图 3-59 所示。可见，两个盒子的上下间距，并不是上面盒子的 margin-bottom
值+下面盒子的 margin-top 值，而是 margin-bottom 和 margin-top 中的最大值。这种现象，被
称为 margin 合并问题。

margin 合并问题的解决办法，包括以下几个方面。

（1）只需设置其中一个盒子 div 的 margin 距离，使其值为想要的间距值即可，或调节二
者中的最大值，使其值达到要求即可。

（2）在两个盒子 div 外面都套上相同的 div 元素（class 修饰相同），并在元素中设置
overflow:hidden;，代码如图 3-60 所示，页面运行效果如图 3-61 所示。

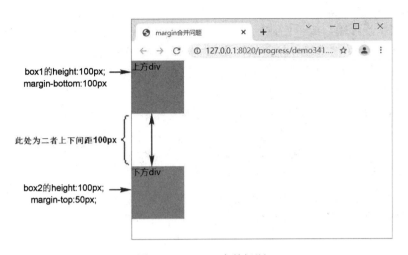

图 3-59　margin 合并问题

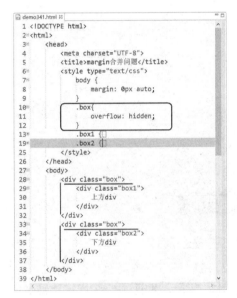

图 3-60　解决 margin 合并问题的方法

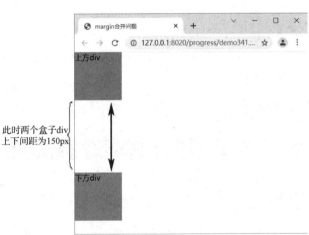

图 3-61　解决 margin 合并问题

3.5　小结

本模块学习了在网页编程中引入 CSS 的方法，基本选择器的使用，应用 CSS 技术对网页中文本、文字和背景的样式修饰，以及"万物皆盒子"的思想，掌握了控制元素的属性等知识，具体内容如下。

1. HTML 语言仅定义了网页结构，但文本的字体、颜色、背景及版面的布局等网页外观则需要通过 CSS 实现。

2. 如果将 CSS 样式应用于特定的 HTML 标记中，则需要找到该目标标记，执行这一任务的样式规则被称为选择器。在 CSS 中，提供了一些常用的基本选择器，如标记选择器、类选择器、id 选择器、并集选择器、后代选择器等。

3. CSS 的样式具有 3 个基本特性，即层叠性、继承性、优先级。简单来说，层叠性说明了样式可以相互覆盖，继承性体现了样式的传递，优先级为行内样式>id>class>标记选择器，使用!important 关键字可以使某些样式属性声明具有最高优先级。

4. 文本是网页设计中不可缺少的元素，可以使用 CSS 修改文本的字体、字号、粗细、风格、颜色、对齐方式、行高、首行缩进等样式。

5. 盒子模型是网页布局的基础，运用盒子模型的相关属性可以控制网页中各个元素呈现的特效。

6. 利用 CSS 中 float（浮动）属性和 position（定位）属性，可以实现网页中元素布局和位置的精确控制。

7. 在 CSS 中通过 background 属性可以进行网页背景颜色、背景图片、背景图片是否平铺，以及背景图片位置等样式的设置。

3.6　实训任务

【实训目的】

1. 掌握 CSS 的定义和使用方法；
2. 熟练掌握 CSS 修饰文本、文字、背景的样式；
3. 理解 CSS 的继承性、优先级和层叠性；
4. 理解盒子模型的原理。

【实训内容】

实训任务 1：使用 CSS 渲染班级学习交流页面

图 3-62　班级学习交流页面

【任务描述】

构建班级学习交流页面，在网页中添加网页文本、图像，并通过 CSS 样式修饰页面中的文本、文字、图像等样式，页面效果如图 3-62 所示。

【实训任务指导】

1. 使用 div 块级元素承载文章内容，并使用盒子模型概念对<div>标记进行区域块定义修饰。

2. 创建文章标题、段落、水平线和图像，为了把图像能控制在显示区内的左右居中，再使用一个<div>标记承载图像，对外层<div>标记设置 text-align: center;内容居中。

3. 使用内嵌样式表应用 CSS 样式。

4. 使用标签选择器、类选择器定义、修饰页面元素。

任务 1 实现的主要代码：

```
<!DOCTYPE html>
<html>
    <head>
        <meta charset="UTF-8">
        <title>学习交流</title>
        <style type="text/css">
            body{
                margin: 0px auto;
            }
            .main{
                width: 750px;
                border: 1px solid red;
                padding: 10px;
                margin: auto;
            }
            h1{
                color: darkgreen;
                margin: 5px;
            }
            h4{
                color: darkblue;
                margin: 5px;
            }
            hr{
                background-color: lightgrey;
            }
            h2{
                color: dodgerblue;
                text-align: center;
                letter-spacing: 5px;
            }
            .from{
                color: dodgerblue;
                text-align: right;
            }
            .pic img{
                width: 300px;
            }
            .pic{
                text-align: center;
            }
            p{
                text-indent: 2em;
                line-height: 180%;
            }
```

```
        </style>
    </head>
    <body>
        <div class="main">
            <h1>学习交流</h1>
            <h4>Class Study</h4>
            <hr />
            <h2>追梦青春</h2>
            <p class="from">计算机软件一班　叶芽</p>
            <div class="pic"><img src="img/dream.jpg"/></div>
            <p>每一个人都有自己的梦想，小学、初中、高中、大学……我们每时每刻都在追逐
自己的梦想，并为之努力奋斗。</p>
            <p>在短暂又漫长的青春时光里，我们会找到自己的同伴，并和他们一起不断前行，
互相帮助，最终能够以自己的力量，在梦想的天空中自由翔翔，攀上人生的巅峰。在校的几年里，不应该
虚度光阴，应该用宝贵的青春年华，为自己的人生增添一抹绚丽的色彩。</p>
            <p>希望计算机软件班的同学们，能够在自己成长道路上绽放出耀眼的光芒！能够努
力拼搏，沿着梦想之路走向人生巅峰。让我们在追梦路上披荆斩棘，勇于创新，不断超越自我吧！</p>
        </div>
    </body>
</html>
```

实训任务 2：使用 CSS 渲染班级公告栏页面

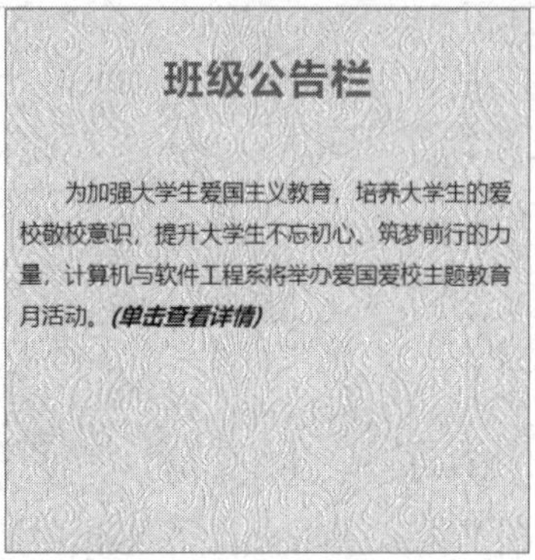

图 3-63　班级公告栏页面

【任务描述】

制作滚动的班级公告栏页面，使用 CSS 层叠样式表对页面文本、文字、背景图像等进行样式美化修饰，页面效果如图 3-63 所示。

【实训任务指导】

1．使用内嵌样式表应用 CSS 样式。

2．使用标签选择器、类选择器定义、修饰页面元素。

3．简单地使用 JavaScript 程序代码控制鼠标事件。

任务 2 实现的主要代码：

```
<!DOCTYPE html>
<html>
    <head>
        <meta charset="UTF-8">
        <title>班级公告栏</title>
        <style type="text/css">
            body{
                margin: 0px auto;
            }
            div{
```

```
                width: 400px;
                height: 400px;
                margin: 0px auto;
                padding: 10px;
                border: 1px solid gray;
                background: url(img/bg.gif);
        }
        h1{
                text-align: center;
                color: dodgerblue;
                letter-spacing: 2px;
        }
        P{
                font-family: "微软雅黑";
                text-indent: 2em;
                line-height: 180%;
                color: #333;
                font-size: 18px;
        }
        span{
                font-style: italic;
                color: #900;
                font-weight: bold;
        }
        </style>
    </head>
    <body>
        <div>
            <h1>班级公告栏</h1>
            <marquee   direction="up"   height="300px"   scrollamount="10"
onmouseover="javascript:stop();" onmouseout="javascript:start();">
                <p>为加强大学生爱国主义教育，培养大学生的爱校敬校意识，提升大学生不忘初心、
筑梦前行的力量，计算机与软件工程系将举办爱国爱校主题教育月活动。<span>(单击查看详
情)</span></p>
            </marquee>
        </div>
    </body>
</html>
```

实训任务 3：制作班级网站中的青春名片

【任务描述】

制作名片效果，使用 HTML 创建网页结构，使用 CSS 技术
简单地修饰页面样式，理解并掌握"万物皆盒子"的设计思想，
页面效果如图 3-64 所示。

图 3-64　班级青春名片页面

【实训任务指导】

1. 使用链接外部样式表应用 CSS 样式。
2. 使用标签选择器、类选择器定义、修饰页面元素。
3. 使用盒子模型控制页面元素。

任务 3 实现的主要代码如下。

其中 HTML 文件代码如下：

```html
<!DOCTYPE html>
<html>
    <head>
        <meta charset="UTF-8">
        <title>个人名片</title>
        <link rel="stylesheet" type="text/css" href="css/exe33.css"/>
    </head>
    <body>
        <div class="main">
            <h1>青春名片|追梦</h1>
            <p>65717 人收听</p>
            <div class="pic"><img src="img/girl.jpg"/></div>
        </div>
    </body>
</html>
```

其中 exe33.css 文件代码如下：

```css
body{
    margin: 0px auto;
    background-color: #f5f5f5;
}
.main{
    border: 1px solid #777;
    width: 350px;
    padding-bottom: 20px;
    background-color:white;
}
h1{
    border-bottom: 1px dashed #777777;
    text-align: center;
    letter-spacing: 2px;
    color: #333333;
    padding-bottom: 15px;
}
p{
    text-align: center;
    color: #D3D3D3;
    margin: 5px;
}
.pic{
```

```
        text-align: center;
}
.pic img{
        border: 1px solid #ccc;
}
```

实训任务 4：制作图文环绕效果

【任务描述】

使用浮动控制元素属性，实现图文环绕和首字下沉效果，页面效果如图 3-65 所示。

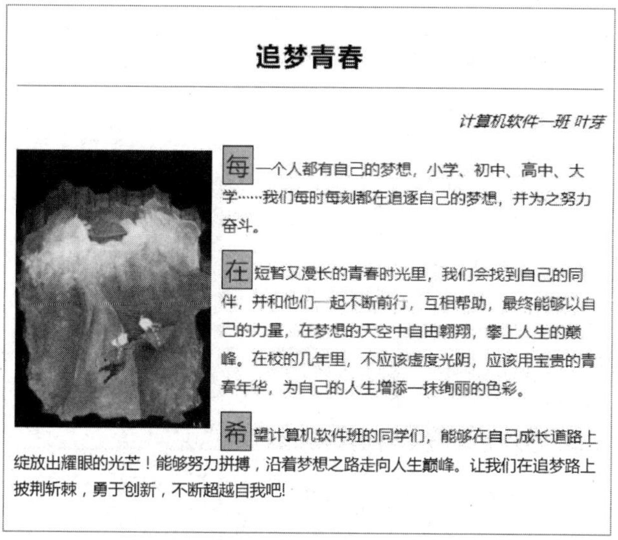

图 3-65　追逐青春图文环绕页面

【实训任务指导】

1. 使用 CSS 的浮动，控制元素属性，并设置清除浮动影响。
2. 使用标签选择器、类选择器定义、修饰页面元素。
3. 使用盒子模型控制页面元素。
4. 使用 CSS 伪元素选择的方式，选取段落首字 p:first-letter，设置首字特殊效果。

任务 4 实现的主要代码如下。

其中 HTML 文件代码如下：

```html
<!DOCTYPE html>
<html>
    <head>
        <meta charset="UTF-8">
        <title>学习交流</title>
        <link rel="stylesheet" type="text/css" href="css/exe34.css"/>
    </head>
    <body>
        <div class="main clr">
            <h2>追梦青春</h2>
```

```
        <h4 class="from">计算机软件一班　叶芽</h4>
        <div class="pic"><img src="img/dream.jpg"/></div>
        <p>每一个人都有自己的梦想，小学、初中、高中、大学……我们每时每刻都在追逐
自己的梦想，并为之努力奋斗。</p>
        <p>在短暂又漫长的青春时光里，我们会找到自己的同伴，并和他们一起不断前行，
互相帮助，最终能够以自己的力量，在梦想的天空中自由翱翔，攀上人生的巅峰。在校的几年里，不应该
虚度光阴，应该用宝贵的青春年华，为自己的人生增添一抹绚丽的色彩。</p>
        <p>希望计算机软件班的同学们，能够在自己成长道路上绽放出耀眼的光芒！能够努力
拼搏，沿着梦想之路走向人生巅峰。让我们在追梦路上披荆斩棘，勇于创新，不断超越自我吧！</p>
        </div>
    </body>
</html>
```

其中 exe34.css 文件代码如下：

```
.main{
    width: 600px;
    border: 1px solid #777777;
    padding: 10px;
    margin: auto;
}
h2{
    text-align: center;
    font-size: 26px;
    letter-spacing: 2px;
    border-bottom: 1px solid #777;
    padding-bottom: 15px;
}
.from{
    text-align: right;
    font-style: italic;
    color: blue;
    font-weight: normal;
}
.pic img{
    width: 200px;
}
/*设置图像向左浮动，实现文字环绕图像*/
.pic{
    float: left;
    margin-right: 10px;
}
/*定义清除浮动影响*/
.clr:after{
    content: "";
    display: block;
    clear: both;
}
p{
```

```
    font-size: 16px;
    color: #333333;
    line-height: 180%;
}
p:first-letter{
    color: red;
    font-size: 24px;
    border: 1px solid blue;
    padding: 3px;
    margin-right: 2px;
    background-color: lightskyblue;
}
```

实训任务 5：制作班级图片新闻版块

【任务描述】

使用 CSS 设置盒子浮动，控制元素页面布局，使用定位技术精准地定位网页元素在页面中的位置，制作图片新闻版块的效果，页面效果如图 3-66 所示。在每张新闻图片的底端上层定位一个黑底白字的新闻标题，并且使 3 张新闻图片水平摆放。

图 3-66　班级图片新闻页面

【实训任务指导】

1. 使用 CSS 的浮动，控制元素属性，并设置清除浮动影响。
2. 使用标签选择器、类选择器定义、修饰页面元素。
3. 使用盒子模型控制页面中的 h3、div、span 等元素。
4. 使用"子绝父相"的定位技术定位新闻标题的显示位置。

任务 5 实现的主要代码如下。

其中 HTML 文件代码如下：

```
<!DOCTYPE html>
<html>
    <head>
        <meta charset="utf-8">
        <title>图片新闻版块</title>
        <link rel="stylesheet" type="text/css" href="css/exe35.css" />
```

```
        </head>
        <body>
            <div class="main clr">
                <h3>图片新闻</h3>
                <div class="photos">
                    <img src="img/snow.jpg">
                    <span class="tit">冷空气来袭，立冬初雪</span>
                </div>
                <div class="photos">
                    <img src="img/bridge.jpg">
                    <span class="tit">Lowline 城市低线公园</span>
                </div>
                <div class="photos">
                    <img src="img/river.jpg">
                    <span class="tit">绿水青山就是金山银山</span>
                </div>
            </div>
        </body>
</html>
```

其中 exe35.css 文件代码如下：

```
body,div{
    margin: 0px;
    padding: 0px;
}
.clr::after{
    content: "";
    display: block;
    clear: both;
}
.main{
    width: 552px;
    margin: 100px auto;
    border: 1px solid #ccc;
    color: #777;
}
.main h3{
    border-left: 3px solid orangered;
    padding:2px;
    margin: 10px 0px;
    font-weight: 500;
    font-size: 24px;
}
.photos{
    width: 180px;
    border: 1px solid #ccc;
    position: relative;
    float: left;
```

```
        margin-right: 2px;
}
img{
        width: 180px;
        height: 135px;
}
.photos span{
        display: block;
        position: absolute;
        bottom: 0px;
        width: 100%;
        height: 32px;
        line-height: 32px;
        text-align: center;
        background-color: #ccc;
        color: white;
        font-size: 13px;
}
```

模块4 制作网站的最新动态页面

　　超链接和列表都是网页中非常重要非常基本的元素。超链接使一张张单独网页链接在一起后，才真正构成一个完整的网站；列表的基本功能是逐条罗列一组相关信息，如新闻列表、工作任务条目、购物清单列表等。本模块主要完成"新闻网"中制作网站的最新动态页面，页面效果如图 4-1 所示。本模块任务分解为"制作最新动态列表条目""创建最新动态条目链接"。通过本模块的学习旨在使学习者掌握列表和超链接技术。同时，学习程序开发人员长期以来形成的执着专注、精益求精、一丝不苟、追求卓越的工匠精神。这将激励更多的人，特别是新一代走技能成才、技能报国之路的青年们，以培养更多的高技能人才和大国工匠。

图 4-1　"新闻网"的最新动态页

【学习目标】
* 掌握无序列表和有序列表的使用；
* 掌握列表嵌套的使用；
* 掌握定义列表的定义及灵活应用；
* 掌握使用 CSS 设置列表样式的方法；

- 掌握网页中添加超级链接的方法；
- 掌握使用 CSS 修饰超链接的方法。

4.1　任务 1：制作最新动态列表条目

4.1 任务 1：制作最新动态列表条目

【任务描述】

本任务主要是完成最新动态页面中新闻条目的列表陈列，使学习者掌握有序列表、无序列表、嵌套列表的创建，使用 CSS 样式修饰列表，以及利用强大背景图的属性修饰列表的项目符号等，效果如图 4-2 所示。

图 4-2　新闻条目的列表陈列

4.1.1　有序列表

要想使网页中的内容排列有序整齐、条理清晰、层次分明，可以使用列表实现。列表标记是网页结构中最常用的标记，常见的列表有有序列表、无序列表、定义列表。

有序列表是指有排列顺序的列表，可以包含多个列表项（也称列表条目），各个列表项有先后顺序，一般采用数字或字母作为顺序，默认采用数字。在 HTML 中，使用<ol>标记定义有序列表，使用<li>标记定义列表项。其基本语法格式如下：

```
<ol>
    <li>列表项 1</li>
    <li>列表项 2</li>
    <li>列表项 3</li>
    …
</ol>
```

【例 4-1】有序列表的应用

【例 4-1】有序列表的应用

```
<!DOCTYPE html>
<html>
    <head>
        <meta charset="utf-8">
        <title>有序列表</title>
    </head>
    <body>
        <h3>通过拨号网络连接 Internet 的步骤</h3>
        <ol type="1">
            <li>安装调制解调器</li>
            <li>创建拨号连接</li>
            <li>设置拨号网络</li>
        </ol>
    </body>
</html>
```

运行效果如图 4-3 所示。

图 4-3　有序列表的使用效果

有序列表<ol>中的 type 属性，用来定义每条列表项目前面项目符号的样式。type 属性的默认属性值是 1，列表项目条目的编号则是 1、2、3、……此外，type 属性值还有 a 或 A（项目编号为小写或大写英文字母）、i 或 I（项目编号为小写或大写罗马数字）等。

<ol>还有属性 start，表示列表项目编号从几开始。此外，列表中的列表项目<li>还具有 value 属性。强制定义该条列表项目的编号，代码如下所示：

```
<ol type="1" start="3">
    <li>安装调制解调器</li>
    <li>创建拨号连接</li>
    <li value="8">设置拨号网络</li>
    <li>连接成功</li>
</ol>
```

运行效果如图 4-4 所示。

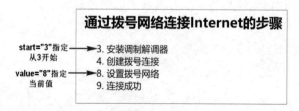

图 4-4　有序列表的 value 属性的使用效果

代码中，列表<ol type="1" start="3">中的 type 属性值为 1，指定列表条目以数字 1、2、3 编号；start 属性值为 3，指定列表条目从 3 开始编号，顺次 3、4、5、……列表<li value="8">设置拨号网络</li>中的 value 属性值为 8，强制该条编号为 8，自此条目顺次编号 8、9、10、……

4.1.2　无序列表

无序列表是一个罗列不分先后的列表，各个列表项之间没有先后顺序，只是逐条罗列，是并列关系，它们之间以一个项目符号来标记。在 HTML 中，使用<ul>标记定义无序列表，使用<li>标记定义列表项。其基本语法格式如下：

```
<ul>
    <li>列表项 1</li>
    <li>列表项 2</li>
    <li>列表项 3</li>
    …
</ul>
```

【例 4-2】无序列表的应用

【例 4-2】无序列表的应用

```
<!DOCTYPE html>
<html>
    <head>
        <meta charset="utf-8">
        <title>无序列表</title>
    </head>
    <body>
        <h3>您喜欢的饮品是：</h3>
        <ul>
            <li>Coffee</li>
            <li>Tea</li>
            <li>Milk</li>
        </ul>
    </body>
</html>
```

运行效果如图 4-5 所示。

图 4-5　无序列表的使用效果

默认情况下，无序列表的项目符号是实心圆点。与有序列表一样，通过使用 type 属性设置列表项前面的项目符号的样式，其取值有 disc（项目符号为实心圆点，默认值）、circle（项目符号为空心圆点）、square（项目符号为实心方块）。例如，将无序列表的项目符号定义为空心圆点，代码为<ul type="circle">。

4.1.3 嵌套列表

使用嵌套列表可以罗列项目的层次关系。嵌套列表是指将一个列表嵌入另一个列表，作为另一个列表项目的一部分。HTML 可以用层层嵌套的方式来实现多层列表。嵌套列表可以是有序列表的嵌套，也可以是无序列表的嵌套，还可以是有序列表和无序列表的混合嵌套。

【例 4-3】嵌套列表的应用

```
<!DOCTYPE html>
<html>
    <head>
        <meta charset="utf-8">
        <title>嵌套列表</title>
    </head>
    <body>
        <h3>新员工入职培训</h3>
        <ol type="1">
            <li>培训目的
                <ol type="A">
                    <li>新员工了解集团
                        <ul>
                            <li>公司概况</li>
                            <li>规章制度</li>
                            <li>组织结构</li>
                        </ul>
                    </li>
                    <li>新员工了解岗位职责，工作流程</li>
                </ol>
            </li>
            <li>培训程序
                <ul>
                    <li>集团共同培训，共同考核</li>
                    <li>班组培训考核，集团抽查</li>
                </ul>
            </li>
            <li>培训内容</li>
        </ol>
    </body>
</html>
```

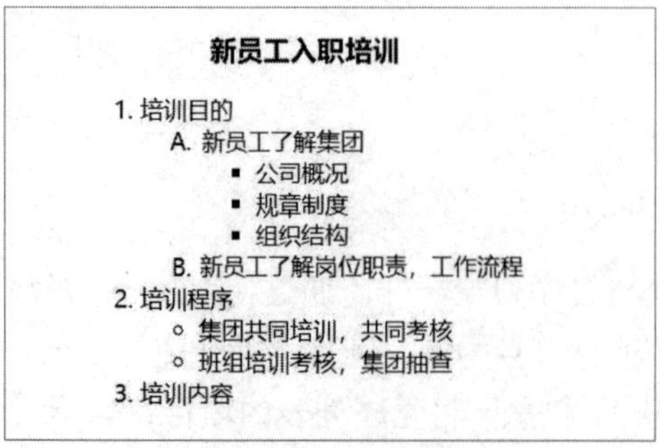

上述代码中，从整体大局划分，新员工培训罗列了 3 个方面的问题，即培训目的、培训程序和培训内容。按照培训项目的先后顺序，应用有序列表进行罗列。其中，培训目的中嵌套了一个有序列表，罗列了两个条目：A.新员工了解集团，B.新员工了解岗位职责。其中对于 A 条目，又嵌套了一个无序列表，包括 3 个条目。运行效果如图 4-6 所示。

新员工入职培训

1. 培训目的
　　A. 新员工了解集团
　　　　■ 公司概况
　　　　■ 规章制度
　　　　■ 组织结构
　　B. 新员工了解岗位职责，工作流程
2. 培训程序
　　○ 集团共同培训，共同考核
　　○ 班组培训考核，集团抽查
3. 培训内容

图 4-6　嵌套列表的使用效果

4.1.4 定义列表

如图 4-7 所示的页面效果是小米官网首页底端的部分,"帮助中心""服务支持""线下门店"都是标题,下层对应的内容都是围绕上层这个标题进行描述的。这种页面布局,就可以采用自定义列表实现。

图 4-7 定义列表页面效果

定义列表常用于对名词或术语进行解释和描述,定义列表的列表项前面没有任何项目符号。在 HTML 中,使用<dl></dl>标记创建定义列表。其基本语法格式如下:

```
<dl>
    <dt>名词 1</dt>
    <dd>名词 1 描述 1</dd>
    <dd>名词 1 描述 2</dd>
</dl>
```

说明:(1)<dt></dt>标记用来定义名词或术语,预览时<dt></dt>标记中定义的内容默认样式为左对齐。

(2)<dd></dd>标记用来描述名词或术语,预览时<dd></dd>标记中定义的内容默认样式是相对于<dt></dt>标记定义的内容向右缩进一定的距离。

(3)<dl></dl>标记中只能包含<dt>标记和<dd>标记,而<dt>标记和<dd>标记中可以放任何标记。

(4)<dt>标记和<dd>标记对应的个数没有限制,经常是一个<dt>标记对应多个<dd>标记。

【例 4-4】定义列表的应用

```
<!DOCTYPE html>
<html>
    <head>
        <meta charset="utf-8">
        <title>定义列表</title>
    </head>
    <body>
        <dl>
            <dt>HTML</dt>
            <dd>制作网页的标准语言,控制网页的结构</dd>
            <dt>CSS</dt>
            <dd>层叠样式表,控制网页的样式</dd>
```

【例 4-4】定义列表的应用

```
        <dt>JavaScript</dt>
        <dd>脚本语言，控制网页的行为</dd>
    </dl>

</body>
</html>
```

运行效果如图 4-8 所示。

4.1.5 CSS 列表修饰

列表最主要用的有两种类型，无序列表<ul>和
有序列表<ol>。除了可以使用列表自带的属性修饰
列表，最主要的途径是应用 CSS 样式修饰列表。CSS 列表属性如表 4-1 所示。

图 4-8 定义列表的使用效果

表 4-1 CSS 列表属性

属 性 名	示 例	说 明
list-style-type	ul{list-style-type:afar;}	用于定义列表项目符号的类型
list-style-image	ul{list-style-image:url(img/icon.jpg);}	使用图像作为列表项目符号
list-style-position	ul{ list-style-type:disc; list-style-position:outside;}	定义列表项目符号的位置，属性值为 inside 和 outside
list-style	ul{list-style:cjk-earthly-branch inside;}	列表样式定义的简写方法，即同时定义多个参数

【例 4-5】CSS 美化列表

【例 4-5】CSS 美化列表

```
<!DOCTYPE html>
<html>
    <head>
        <meta charset="utf-8">
        <title>CSS 美化列表</title>
        <style type="text/css">
            ul{
                width: 300px;
                list-style:decimal-leading-zero inside;
                border: 1px solid blue;
                padding: 5px;
                background-color: lightskyblue;
            }
            li{
                margin-bottom: 5px;
                border: 1px solid red;
                padding: 5px;
                background-color: aliceblue;
            }
        </style>
    </head>
<body>
        <h3>新员工培训安排</h3>
        <ul>
```

```
        <li>培训目的</li>
        <li>培训程序</li>
        <li>培训内容</li>
    </ul>
    </body>
</html>
```

运行效果如图 4-9 所示。

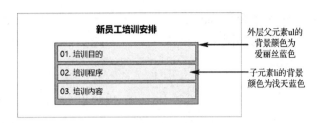

图 4-9　CSS 美化列表的使用效果

4.1.6　任务实施

要实现制作最新动态列表条目的
任务，具体操作步骤如下。

（1）创建 newslist.html 文件，制作头部 Banner 区。输入程序代码如下：

```
<!DOCTYPE html>
<html>
    <head>
        <meta charset="UTF-8">
        <title>最新动态页</title>
        <link rel="stylesheet" type="text/css" href="css/newslist.css"/>
    </head>
    <body>
        <div class="content">
            <h1>生活如诗 小康如画 家是最小国 国是千万家 </h1>
            <div class="pic"><!--banner 图片--></div>
        </div>
    </body>
</html>
```

（2）创建 newslist.css 文件，并在 HTML 文件中做好样式文件链接。输入程序代码如下：

```
body{
    margin: 0px auto;
    background-color: #f5f5f5;
}
.content{
    width: 980px;
    border: 1px solid red;
    margin:auto;
}
.content h1{
    font-family: "微软雅黑";
    color: #4D4F53;
    letter-spacing: 2px;
    margin-bottom: 15px;
    font-size: 30px;
    text-align: center;
}
.pic{
    height: 345px;
    background: url(…/img/home.jpg) no-repeat center;
```

```
}
```

页面中的 Banner 图使用背景图技术制作，此时页面头部 Banner 区效果如图 4-10 所示。代码结构如图 4-11 所示。

图 4-10　页面 Banner 区效果

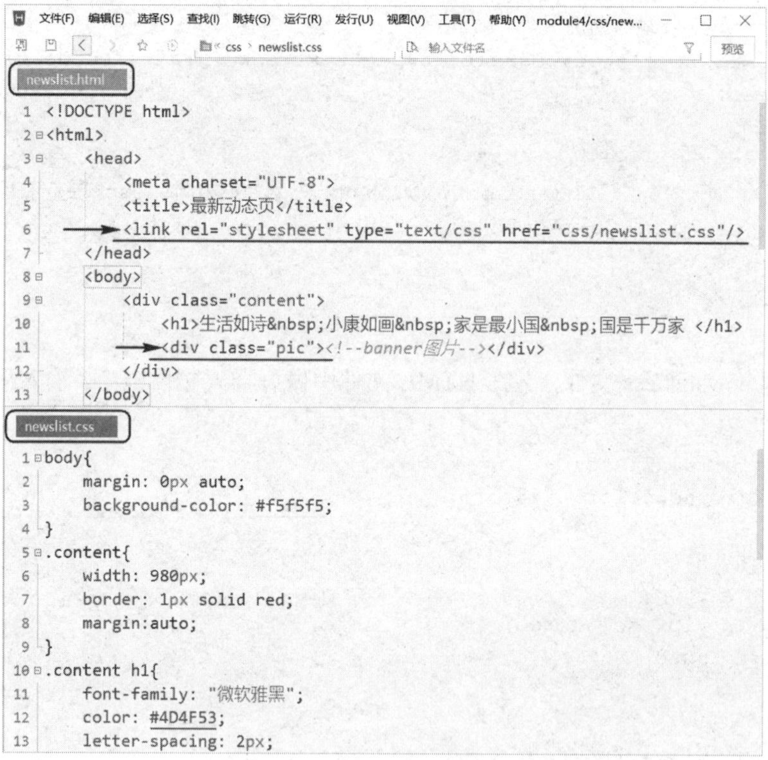

图 4-11　页面头部代码结构

（3）创建最新动态条目版块，newslist.html 文件代码如下：

```
<!DOCTYPE html>
<html>
    <head>
        <meta charset="UTF-8">
```

```html
        <title>最新动态页</title>
        <link rel="stylesheet" type="text/css" href="css/newslist.css"/>
    </head>
    <body>
        <div class="content">
            <h1>生活如诗 小康如画 家是最小国 国是千万家 </h1>
            <div class="pic"><!--banner 图片用背景图技术实现--></div>
            <div class="main">
                <div class="left">
                    <!--左侧最新动态列表-->
                    <h2>最新动态</h2>
                    <ul>
                        <li>国有难，操戈披甲；人有危，众士争先  致敬最
美逆行者</li>
                        <li>书本和电脑很重要，但是书本和电脑种不出水稻！杂交水稻之
父袁隆平</li>
                        <li>神舟十二号载人飞船与火箭成功分离，进入预定轨道，发射取
得圆满成功</li>
                        <li>请党放心， 强国有我。庆祝中国共产党成立 100 周年大会隆重
举行</li>
                    </ul>
                </div>
                <div class="right">
                    右侧新闻列表
                </div>
            </div>
        </div>
    </body>
</html>
```

其中，newslist.css 文件中继续添加代码，如下：

```css
/*中间最新动态区开始*/
.main{
    height: 370px;
    /*background-color: pink;*/
    color: #4D4F53;
    font-family: "微软雅黑";
    margin-top: 10px;
}
.left{
    width: 695px;
    height: 100%;
    background-color: white;
    float: left;

}
```

```
.left h2{
    letter-spacing: 2px;
    margin-bottom: 15px;
    font-size: 30px;
    padding: 5px;
    margin: 0px;
}
.left ul{
    list-style: none;
    padding-left: 15px;
}
.left ul li{
    font-size: 18px;
    height: 30px;
    line-height: 30px;
    background-image: url(.../img/star.JPG);
    background-repeat: no-repeat;
    background-position: left center;
    padding: 5px 20px;
}
.right{
    width: 275px;
    height: 100%;
    float: right;
    background-color: white;
}
/*中间最新动态区结束*/
```

4.2 任务 2：创建最新动态条目链接

【任务描述】

本任务主要是完成"新闻网"中最新动态页面中超链接的制作。通过本任务的制作，使学习者掌握各种超链接创建，以及使用 CSS 样式对超链接的各个状态进行修饰。页面运行效果如图 4-12 所示。

图 4-12 最新动态条目链接

4.2.1　创建超链接

超链接是网页中的重要组成部分。通过超链接，可以将网站中的各个网页链接成一个整体，构成一个完整的网站，而不再是一张张单独的网页。通过超链接，可以在网站中的各个网页之间来回跳转访问。

在网页中，既可以对文本设置超链接，又可以对图像设置超链接。例如，在对文本设置了超链接后，默认样式是该文本带着下画线，文本颜色为蓝色。当光标悬浮在该文本上时，光标变成小手的样式；当单击该文本时，页面跳转到链接的目标页面或本页面中的其他位置。访问过的超链接文本为紫色。创建超链接的标记<a href="#"></a>，是双标记，单击标记之间的文本或图像，页面将跳转到 href 属性值指定的页面位置。

【例 4-6】创建超文本链接

【例 4-6】创建超文本链接

```
<!DOCTYPE html>
<html>
    <head>
        <meta charset="utf-8">
        <title>创建超链接</title>
    </head>
    <body>
        <a href="http://www.sdcet.cn" target="_blank" title="将打开山东电子
职业技术学院网站的首页">山东电子职业技术学院</a>
    </body>
</html>
```

运行效果如图 4-13 所示。

代码中，href 属性是超链接中必不可少的参数，用于指定链接目标的地址。target 属性用于指定打开链接目标的位置。当属性取值是_self 时，是指在当前网页中打开；当属性值是_blank 时，则是指在新窗口中打开。title 属性为超链接添加描述性信息，如在图 4-13 中，当光标悬浮在设置了超链接的文本上时，则在小手指针的旁边出现一个小标签对链接进行描述，这就是超链接设置了 title 属性的效果。

图 4-13　超链接的使用效果

4.2.2　链接对象

1．内部链接

内部链接的链接目标为本网站内的其他页面，如<a href="index.html">首页</a>。当单击"首页"文本时，网页将跳转到本网站的首页面。

2．外部链接

外部链接的链接目标为本网站之外的网站页面，如<a href="http://www.baidu.com">百度</a>。当单击"百度"文本时，则打开百度网站首页。

3．下载链接

下载链接的链接目标是浏览器不能直接打开的文件类型，如压缩文件、.doc 文件等。例如，<a href="soft.rar">下载软件</a>，当单击"下载软件"超链接时，则会启动文件下载，并将 soft.rar 文件下载到本地计算机上。

4．图像链接

图像链接是指图像被设置了超链接。当单击图像时，可以根据 href 属性打开相应的链接目标，链接目标可以是内部链接或外部链接，也可以是图像的路径。例如，<a href="img/图像.jpg"><img src="img/图像.jpg" ></a>，当单击图像后，则在浏览器窗口中打开该图像。

5．锚点链接

锚点链接一般用于网页内容很长，需要垂直滚动屏幕，但是想在当前网页中快速找到要浏览的目标位置的场合。其方法是先在目标位置设置一个锚点，然后通过锚点链接，直接跳转到设置的本网页内部的锚点的位置上。例如，当前网页内容很长，访问到了页面的底端时，若想快速返回到页面的顶部，则可以先在网页的顶部位置设置一个锚点，将锚点命名为 top，然后在该页面的底端给文本"返回到顶部"创建超链接，链接目标为设置好的锚点 top。需要特别注意，在创建锚点链接时，锚点的名字的前面必须加#，代码为<a href="#top">返回到顶部</a>；而在定义锚点时，锚点的名字的前面不能加#，代码为<a name="top"></a>。

6．空链接

空链接即链接目标为空，一般用于调试程序，或在真正的链接页面还没有制作完成时使用。例如，<a href="#">今日新闻</a>，"今日新闻"的页面还不存在，故暂且使用#占位，用于调试程序。当单击超链接"今日新闻"文本时，页面将跳转到当前页面的顶端位置。

4.2.3　CSS 超链接修饰

1．CSS 属性修饰

可以使用 CSS 的任何属性修饰超链接标记<a>。

【例 4-7】 对超链接进行样式修饰

【例 4-7】对超链接进行样式修饰

```
<!DOCTYPE html>
<html>
    <head>
        <meta charset="utf-8">
        <title>修饰超链接</title>
        <style type="text/css">
            a{
                color: red;
                font-size: 20px;
                font-style: italic;
                background-color: blue;
            }
        </style>
    </head>
    <body>
```

```
    <div>单击打开<a href="#">今日新闻</a></div>
  </body>
</html>
```

运行效果如图 4-14 所示。

图 4-14　使用 CSS 修饰超链接

值得注意的是，<a>标记不继承 color 属性，如果需要改变<a>标记的前景颜色，需要直接对<a>标记进行定义，而不能通过继承的方式改变<a>标记的颜色。<a>标记是行内元素，如果需要将其设置成有宽度和高度的块结构，如应用<a>标记制作按钮或应用<a>标记制作导航条目，则需要设置样式 display 为 inline-block 值或 block 值。

超链接的下画线样式是超链接自带的效果，如不需要显示下画线，则设置 text-decoration: none;；如在某些状态需要显示下画线，则设置 text-decoration:underline;。

【例 4-8】使用超链接制作导航条

【例 4-8】使用超链接制作导航条

```
<!DOCTYPE html>
<html>
  <head>
    <meta charset="utf-8">
    <title>制作导航条</title>
    <style type="text/css">
      .nav{
        /* 设置行高与盒子高度相同，实现垂直居中 */
        height: 50px;
        line-height: 50px;
        background-color: pink;
        /* 上边框样式 */
        border-top: 2px solid red;
        /* 下边框样式 */
        border-bottom: 2px solid red;
      }
      .nav a{
        /* 将 a 转换为行内块结构 */
        display: inline-block;
        width: 110px;
        text-align: center;
        background-color: lightskyblue;
```

```
                    font-size: 16px;
                    color: black;
                    /* 删除下画线 */
                    text-decoration: none;
                }
        </style>
    </head>
    <body>
        <div class="nav">
            <a href="#">首页</a>
            <a href="#">精品课程</a>
            <a href="#">特色专业</a>
            <a href="#">资源中心</a>
            <a href="#">专业资源库</a>
        </div>
    </body>
</html>
```

运行效果如图 4-15 所示。

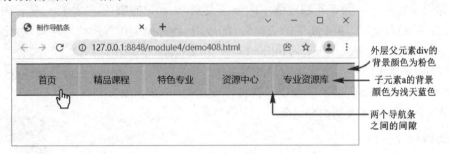

图 4-15　使用超链接制作导航条

上述代码中，使用超链接元素 a 创建了一个水平导航条，高度为 50px，导航条上下边框为 2px 红色实线。为了实现导航条内各个项目垂直居中，将盒子的行高与盒子的高度设置为相同值。因为超链接 a 是行内元素，行内元素的宽度由元素内承载内容的多少决定，其自身不能设置宽度和高度，所以在这里将元素 a 的 display 属性值设置为 inline-block，将其转换为行内块结构，使其既在行内，又具有块结构的特征。此外，可以设置块的宽度为 110px;，使得每个导航条等宽。

图 4-15 中，各个导航条之间的间隙是通过属性设置的吗？"资源中心"和"专业资源库"之间的间隙怎么产生的？在 HTML 代码中输入 Enter 键回车换行或输入多个空格，在网页中都显示为一个空格的效果。这里导航条目之间的间隙是在 HTML 代码中创建<a href="#">资源中心</a>和<a href="#">专业资源库</a>各个条目时，输入格式是每条语句各占一行产生的，即每输入一行语句，输入一个换行。如果两个导航条之间需要间距，可以通过盒子的 margin 外边距设置。如果是使用浮动创建的水平导航条，则在导航条之间不会有间隙。

2. 4 种链接状态修饰

超链接自带的 4 种超链接状态，又被称为锚伪类，具体如下。

a:link 未访问的链接，即页面中设置了超链接，该链接还没有被用户访问过。

a:visited 访问过的链接，即该链接被用户访问过。

a:hover 链接的悬浮状态，即用户将光标悬浮在超链接上时。

a:active 链接被访问时，即当用户在超链接上单击，将超链接激活时。

如果要为超链接的多个状态设置样式，必须按照一定的顺序定义。为便于记忆记作两个英文单词，即 LoVe HAte，其中真正有代表顺序意义的是大写字母，字母 L 代表 link 状态，字母 V 代表 visited 状态，字母 H 代表 hover 状态，字母 A 代表 active 状态，即 a:hover 必须在 a:link 和 a:visited 之后，a:active 必须在 a:hover 之后。

4.2.4　任务实施

本任务是创建最新动态条目链接，实现步骤如下。

（1）对 newslist.html 文件中左侧 left 最新动态区域的列表条目设置超链接，将第一个列表条目的链接目标设置为前面已完成的 beautiful.html 文件，在列表条目下添加图片超链接，在右侧 right 区域添加超链接新闻条目。代码如下：

```html
<!DOCTYPE html>
<html>
    <head>
        <meta charset="UTF-8">
        <title>最新动态页</title>
        <link rel="stylesheet" type="text/css" href="css/newslist.css"/>
    </head>
    <body>
        <div class="content">
            <h1>生活如诗 小康如画 家是最小国 国是千万家 </h1>
            <div class="pic"><!--banner 图片--></div>
            <div class="main">
                <div class="left">
                    <!--左侧最新动态列表-->
                    <h2>最新动态</h2>
                    <ul>
                        <li><a href="beautiful.html" title="致敬最美逆行者" target="_blank">国有难，操戈披甲；人有危，众士争先  致敬最美逆行者</a></li>
                        <li><a href="#">书本和电脑很重要，但是书本和电脑种不出水稻！杂交水稻之父袁隆平</a></li>
                        <li><a href="#">神舟十二号载人飞船与火箭成功分离，进入预定轨道，发射取得圆满成功</a></li>
                        <li><a href="#">请党放心，强国有我。庆祝中国共产党成立100周年大会隆重举行</a></li>
                    </ul>
                    <div class="movepics">
                        <a href="beautiful.html"><img src="img/list1.jpg"/></a>
                        <a href="#"><img src="img/list2.jpg"/></a>
                        <a href="#"><img src="img/list3.jpg"/></a>
                        <a href="#"><img src="img/list4.jpg"/></a>
```

```
            </div>
        </div>
        <div class="right">
            <!--右侧新闻列表-->
            <a href="#">我国生物物种名录收录超十二万个</a>
            <a href="#" class="strong_a">绿水青山就是金山银山</a>
            <a href="#">全社会倡导勤俭节约的消费观，培育节约能源生产生活方
式</a>
            <a href="#">习近平总书记一直提倡&ldquo;厉行节约、反对浪费
&rdquo;的社会风尚</a>
            <a href="#" class="strong_a">学习贯彻习近平总书记重要讲话精
神</a>
            <a href="#">北方部分地区将出现持续性较强降雨 江南华南多高温</a>
            <a href="#">爱护环境 节约能源 保持生态平衡</a>
            <a href="#">家是最小国 国是千万家</a>
        </div>
        </div>
    </div>
    </body>
</html>
```

（2）在 newslist.css 文件中，继续添加样式设置，美化修饰超链接的样式。代码如下：

```css
/*修饰左侧区域中图片开始*/
.left img{
    height: 113px;
}
.movepics{
    padding-left: 5px;
}
/*修饰左侧区域中图片结束*/
/*修饰页面主体区域超链接样式开始*/
.main a{
    text-decoration: none;
}
.main a:link,.main a:visited{
    color: #333;
}
.main a:hover,.main a:active{
    color: red;
}
/*修饰页面主体区域超链接样式结束*/
/*修饰右侧 right 区域超链接样式开始*/
.right a{
    display: block;
    font-size: 16px;
    padding:5px 10px ;
}
```

```
.right .strong_a{
    font-size: 18px;
    font-weight: bold;
}
/*修饰右侧 right 区域超链接样式结束*/
```

4.3　知识进阶

1．使用定义列表<dl>制作导航条

在网页中，导航条必不可少。在实际开发中，使用无序列表<ul>技术制作导航条较为常见，也有直接使用超链接<a>标记制作导航条。下面我们使用定义列表<dl>制作导航条。Logo图标用<dt>标记承载当作要被定义、解释的标题，其他导航栏目使用<dd>标记用于详细描述、展示说明<dt>标记的主题，页面效果如图 4-16 所示。

图 4-16　使用定义列表制作导航条

程序代码如下：

```
<!DOCTYPE html>
<html>
    <head>
        <meta charset="UTF-8">
        <title>导航条</title>
        <style type="text/css">
            body,div,dl,dt,dd,img{
                margin: 0px;
                padding: 0px;
            }
            a{
                text-decoration: none;
                color: white;
            }
            .clr:after{
                content: "";
                display: block;
```

```
                clear: both;
            }
            .nav{
                height: 70px;
                background-color: #000;
            }
            dt{
                float: left;
                margin-left:80px ;
                border: 1px solid #ccc;
            }
            dt img{
                height: 85px;
                vertical-align: middle;
            }
            dd{
                float: left;
                /*border: 1px solid red;*/
                padding:0px 15px;
                height: 70px;
                line-height: 70px;
                font-size: 16px;
            }
        </style>
    </head>
    <body>
        <div class="nav">
            <dl class="clr">
                <dt><a href="#"><img src="img/logo.jpg"/></a></dt>
                <dd><a href="#">首页</a></dd>
                <dd><a href="#">最新动态</a></dd>
                <dd><a href="#">绿水青山</a></dd>
                <dd><a href="#">科技新视觉</a></dd>
                <dd><a href="#">关于我们</a></dd>
            </dl>
        </div>
    </body>
</html>
```

2. 设置导航条的动态样式

当光标访问到导航条时，导航条的背景颜色变为蓝色，文本颜色变为黄色，字号放大；当光标离开导航条时，导航条恢复初始样式，运行效果如图 4-17 所示。

当光标访问每个导航条<dd>时，导航条的样式发生变化，这时直接设置<dd>标记的 hover 状态即可。值得特别注意的是，超链接<a>不继承 color 前景色，如果要设置文本颜色，只能针对<a>标记设置。

图 4-17　导航条样式的动态变化

新增的样式代码如下：

```
dd:hover{
    background-color: dodgerblue;
    font-size: 20px;
    cursor: pointer;
}
dd:hover a{
    color: yellow;
}
```

4.4　小结

本模块学习了通过列表展现网页内容，使用列表进行网页版块布局，以及无序列表、有序列表、定义列表、嵌套列表和超链接的使用等，具体内容如下。

1．将网页中的相关内容，通过列表的方式简洁、清晰地呈现出来，便于阅读。

2．有序列表是指有排列顺序的列表，使用<ol>标记定义有序列表，使用<li>标记定义列表项。

3．有序列表<ol>中的 type 属性用于定义项目符号，start 属性用于定义项目编号从几开始；<li>中的 value 属性，用于强制定义该条列表项目的编号。

4．无序列表是一个罗列不分先后顺序的列表，使用<ul>标记定义无序列表。

5．嵌套列表是指将一个列表嵌入另一个列表，作为另一个列表项目的一部分。

6．定义列表常用于对名词或术语进行解释和描述，定义列表的列表项前面没有任何项目符号，使用<dl></dl>标记创建定义列表，其中包含<dt>标记、<dd>标记。

7．超链接是网页中的重要组成部分，通过超链接将网站中的各个网页链接成一个整体。

8．超链接的对象可以是内部链接、外部链接、下载链接、图像链接、锚点链接等。

9．为超链接的多个状态设置样式，必须按照 LoVe HAte 顺序定义。

4.5 实训任务

【实训目的】

1. 理解列表项的用途；
2. 掌握无序列表、有序列表、嵌套列表和定义列表；
3. 熟练掌握 CSS 美化修饰列表样式；
4. 掌握设置各种超链接和修饰超链接的状态的方法。

【实训内容】

实训任务 1：制作班级新闻栏目

【任务描述】

制作班级新闻栏目版块，新闻条目以无序列表罗列展开，列表条目设置橘色小方块 square 项目符号，标题和列表条目均为十六进制#333333 深灰色，页面效果如图 4-18 所示。

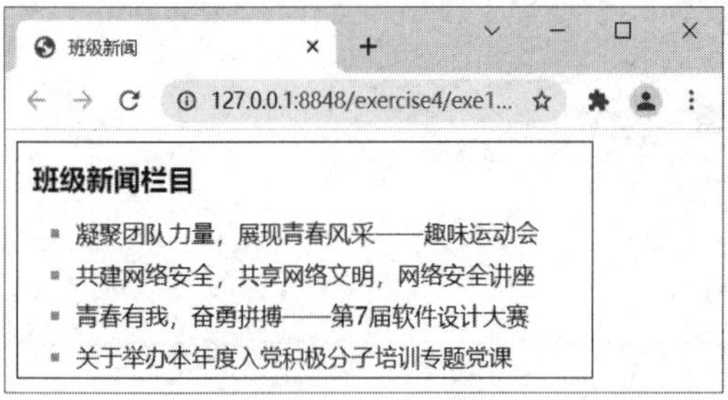

【实训任务指导】

1. 使用无序列表\<ul>创建新闻列表条目。
2. 应用内部定义 CSS 样式的方法，修饰矩形区域、标题、列表、列表条目等。
3. 修饰\<li>标记，定义项目符号的橘色；修饰\<span>标记，定义文本的不同颜色。

任务 1 实现 HTML 的主要代码：

图 4-18　班级新闻栏目版块

```html
<!DOCTYPE html>
<html>
    <head>
        <meta charset="utf-8">
        <title>班级新闻</title>
        <style type="text/css">
            .main{
                width: 400px;
                border: 1px solid blue;
            }
            h3{
                color: #333;
                padding-left: 10px;
                margin: 10px 0px;
            }
            ul{
                margin: 0px;
            }
```

```
        ul li{
            padding: 3px 0px;
            color: orange;
            list-style-type: square;
        }
        ul li span{
            color: #333;
        }
    </style>
</head>
<body>
    <div class="main">
        <h3>班级新闻栏目</h3>
        <ul>
            <li><span>凝聚团队力量，展现青春风采——趣味运动会</span></li>
            <li><span>共建网络安全，共享网络文明，网络安全讲座</span></li>
            <li><span>青春有我，奋勇拼搏——第 7 届软件设计大赛</span></li>
            <li><span>关于举办本年度入党积极分子培训专题党课</span></li>
        </ul>
    </div>
</body>
</html>
```

实训任务 2：制作班级网站的软件大赛通知

【任务描述】

制作班级网站中软件大赛通知版块，一级列表以阿拉伯数字编号，二级列表修饰外边框及各条目项目符号，最后一个段落修饰颜色、倾斜等样式，页面效果如图 4-19 所示。

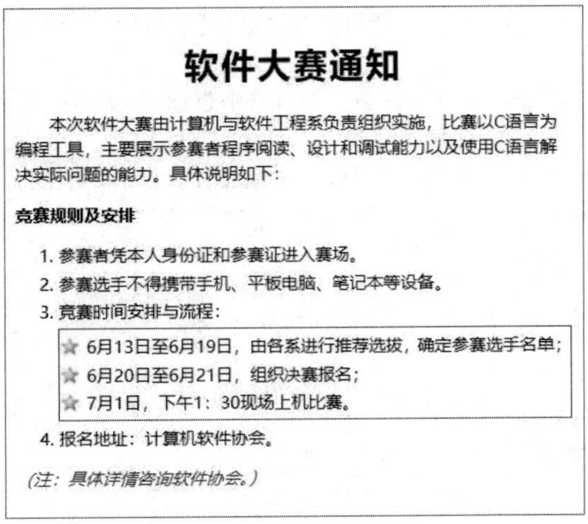

图 4-19   软件大赛通知版块

【实训任务指导】

1. 使用有序列表<ol>创建竞赛规则的一级列表条目；使用无序列表<ul>创建竞赛流程

中的二级列表条目。

2．应用链接外部样式文件定义、修饰 HTML 网页中的元素。

3．使用背景图及背景属性设置，制作列表条目的项目符号。

任务 2 实现的主要代码如下。

其中 HTML 文件代码如下：

```
<!DOCTYPE html>
<html>
    <head>
        <meta charset="UTF-8">
        <title>软件大赛通知</title>
        <link rel="stylesheet" type="text/css" href="css/exe42.css"/>
    </head>
    <body>
        <div class="main">
            <h1>软件大赛通知</h1>
            <p class="first">本次软件大赛由计算机与软件工程系负责组织实施，比赛以 C
语言为编程工具，主要展示参赛者程序阅读、设计和调试能力以及使用 C 语言解决实际问题的能力。具体
说明如下：</p>
            <h2>竞赛规则及安排</h2>
            <ol>
                <li>参赛者凭本人身份证和参赛证进入赛场。</li>
                <li>参赛选手不得携带手机、平板电脑、笔记本等设备。</li>
                <li>竞赛时间安排与流程：</li>
                <ul>
                    <li>6 月 13 日至 6 月 19 日，由各系进行推荐选拔，确定参赛选手名单；</li>
                    <li>6 月 20 日至 6 月 21 日，组织决赛报名；</li>
                    <li>7 月 1 日，下午 1：30 现场上机比赛。</li>
                </ul>
                <li>报名地址：计算机软件协会。</li>
            </ol>
            <p class="last">（注：具体详情咨询软件协会。）</p>
        </div>
    </body>
</html>
```

其中 exe42.css 文件代码如下：

```
.main{
    width: 520px;
    border: 1px solid #777;
    padding: 10px;
}
h1{
    text-align: center;
    letter-spacing: 2px;
}
.first{
```

```
    text-indent: 2em;
    line-height: 150%;
}
h2{
    font-size: 16px;
}
li{
    margin: 5px 0px;
}
ul{
    list-style: none;
    border: 1px solid #f0f;
    padding: 0px;
}
ul li{
    background: url(…/img/star.JPG) no-repeat left center;
    padding-left: 25px;
}
.last{
    color: red;
    font-style: italic;
}
```

实训任务 3：制作班级学习园地

【任务描述】

制作班级网站中的班级学习园地版块，页面中左侧为实验图片，右侧罗列实验相关条目，下方是对背景知识的详细介绍，页面效果如图 4-20 所示。

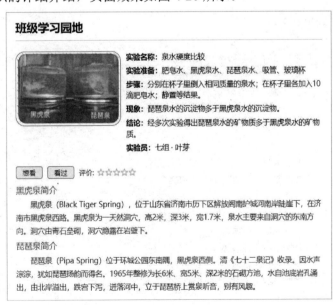

图 4-20　班级学习园地版块

【实训任务指导】

1. 页面中上半部分的实验环节，使用定义列表<dl>制作；将实验图片作为要被解释、说明的名词或主题，使用<dt>标记制作；其他实验相关条目作为解释<dt>标记的具体内容，使用<dd>标记制作。

2. 对<dt>标记设置向左浮动，使得<dt>标记与其他<dd>标记构成水平布局。为了避免右侧向左侧环绕，将左侧盒子的高度设置为与右侧内容同高。

3. 应用超链接制作"想看""看过"，当用户单击两个条目时，可跳转到相应页面，此处通过空链接<a href="#">调试程序，并设置超链接的样式。

任务 3 实现的主要代码：

```
<!DOCTYPE html>
<html>
    <head>
        <meta charset="utf-8">
        <title>班级学习园地</title>
        <style type="text/css">
            body,div,dl,dt,dd,h1,h2,h3,h4,p{
                margin: 0px;
                padding: 0px;
            }
            body{
                color: #333;
            }
            .main{
                width: 600px;
                border: 1px solid blue;
                padding: 10px;
            }
            .main h3{
                font-size: 22px;
                margin-bottom: 10px;
                border-bottom: 1px solid #CCCCCC;
                padding-bottom: 10px;
            }
            /* 实验区定义开始*/
            dl{
                padding: 10px 0px;
                margin-bottom: 10px;
            }
            dt{
                float: left;
                height: 200px;
                margin-right: 10px;
                /* background-color: #e1e1e1; */
            }
            dt img{
```

```
    border: 1px solid saddlebrown;
    padding: 2px;
    border-radius: 18px;
}
dd span{
    font-weight: bold;
}
dd{
    margin-bottom: 5px;
    line-height: 150%;
    font-size: 14px;
}
/* 实验区定义结束*/
/* 评论区定义开始 */
.bar{
    margin-bottom: 10px;
}
.bar span{
    font-size: 13px;
    cursor: pointer;
}
.bar a{
    text-decoration: none;
    font-size: 13px;
    color: #333;
    border: 1px saddlebrown solid;
    padding: 2px 12px;
    margin-right: 5px;
    background-color: blanchedalmond;
    border-radius: 4px;
}
.bar img{
    vertical-align: middle;
}
/* 评论区定义结束 */
/* 泉水简介开始 */
.info h4{
    font-weight: 500;
    font-size: 16px;
    color: green;
    margin:5px 0px;
}
.info p{
    font-size: 14px;
    text-indent: 2em;
    line-height: 1.8em;
}
/* 泉水简介结束 */
```

```
        </style>
    </head>
    <body>
        <div class="main">
            <h3>班级学习园地</h3>
            <dl>
                <dt><img src="img/water.jpg" ></dt>
                <dd><span>实验名称：</span>泉水硬度比较</dd>
                <dd><span>实验准备：</span>肥皂水、黑虎泉水、琵琶泉水、吸管、玻璃
杯</dd>
                <dd><span>步骤：</span>分别在杯子里倒入相同质量的泉水；在杯子里各
加入 10 滴肥皂水；静置等结果。</dd>
                <dd><span>现象：</span>琵琶泉水的沉淀物多于黑虎泉水的沉淀物。</dd>
                <dd><span>结论：</span>经多次实验得出琵琶泉水的矿物质多于黑虎泉水
的矿物质。</dd>
                <dd><span>实验员：</span>七组 &middot; 叶芽</dd>
            </dl>
            <!-- 评论区 -->
            <div class="bar">
                <a href="#">想看</a>
                <a href="#">看过</a>
                <span >评价:</span>
                <img src="img/star5.jpg" >
            </div>
            <!-- 泉水信息简介 -->
            <div class="info">
                <h4>黑虎泉简介</h4>
                <p>黑虎泉（Black Tiger Spring），位于山东省济南市历下区解放阁南护
城河南岸陡崖下，在济南市黑虎泉西路。黑虎泉为一天然洞穴，高 2 米，深 3 米，宽 1.7 米，泉水主要来
自洞穴的东南方向。洞穴由青石垒砌，洞穴隐露在岩壁下。</p>
                <h4>琵琶泉简介</h4>
                <p>琵琶泉（Pipa Spring）位于环城公园东南隅，黑虎泉西侧。清《七十二
泉记》收录。因水声淙淙，犹如琵琶扬韵而得名。1965 年整修为长 6 米、宽 5 米、深 2 米的石砌方池，
水自池底岩孔涌出，由北岸溢出，跌宕下泻，迸落河中，立于琵琶桥上赏泉听音，别有风趣。</p>
            </div>
        </div>
    </body>
</html>
```

实训任务 4：制作班级网站的导航条

【任务描述】

制作班级首页网站的水平导航条的效果，当光标悬浮在导航条目时，该条目背景颜色改变，文字颜色改变；当光标离开该条目时，该条目样式恢复初始样式，页面效果如图 4-21 所示。

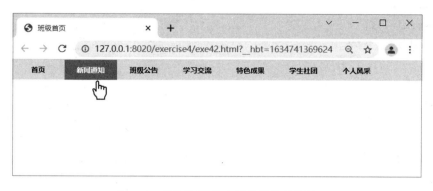

图 4-21　班级网站的水平导航条的效果

【实训任务指导】

1．使用无序列表创建导航条目，设置列表条目 li 向左浮动，制作水平导航条。

2．使用超链接对列表条目创建链接，通过空链接<a href="#">调试程序，设置超链接各个状态的样式。

3．按照 LoVe HAte 中 L、V、H、A 的字母顺序定义 a 的 link、visited、hover、active 4 个状态的样式。

任务 4 实现的主要代码如下。

其中 HTML 文件代码如下：

```
<!DOCTYPE html>
<html>
    <head>
        <meta charset="UTF-8">
        <title>班级首页</title>
        <link rel="stylesheet" type="text/css" href="css/exe44.css"/>
    </head>
    <body>
        <div class="nav">
            <ul>
                <li><a href="#">首页</a></li>
                <li><a href="#">新闻通知</a></li>
                <li><a href="#">班级公告</a></li>
                <li><a href="#">学习交流</a></li>
                <li><a href="#">特色成果</a></li>
                <li><a href="#">学生社团</a></li>
                <li><a href="#">个人风采</a></li>
            </ul>
        </div>
    </body>
</html>
```

其中 exe44.css 文件代码如下：

```
body,div,ul,li{
```

```
    margin: 0px;
    padding: 0px;
}
ul{
    list-style: none;
}
a{
    text-decoration: none;
}
.nav{
    width: 980px;
    height: 45px;
    background-color: #e4e4e4;
    margin: auto;
}
.nav ul li{
    float: left;
    width: 120px;
    /*border: 1px solid red;*/
    text-align: center;
    height: 45px;
    line-height: 45px;
    font-weight: bold;
}
.nav li a{
    color: #000;
}
.nav li:hover{
    cursor: pointer;
    background-color: dodgerblue;
}
.nav li:hover a{
    color: white;
}
```

实训任务 5：制作班级网站的新闻栏目

【任务描述】

在"新闻栏目"页面中有新闻列表，当单击第一个新闻条目"立足当下惜时光，学习交流——追梦青春"时，打开"学习交流"页面；当在"学习交流"页面中单击"新闻网"图标时，打开"新闻栏目"页面，如图 4-22 所示。

在"学习交流"页面中若单击"返回顶部"按钮，则返回该页面的顶部；若单击页面下方的若干个网站链接，则分别打开对应的网站页面，页面效果如图 4-23 所示。

图 4-22　新闻栏目与学习交流页面的链接关系

图 4-23　学习交流页面

【实训任务指导】

1. 使用链接外部样式表定义 CSS 样式。

2. 使用标签选择器、类选择器定义、修饰页面元素。

3. 定义超文本链接、外部链接、图像链接、锚点链接等链接方式，并设置链接样式。

任务 5 实现的主要代码如下。

其中"新闻栏目"网页的 exe45.html 文件代码如下：

```html
<!DOCTYPE html>
<html>
    <head>
        <meta charset="UTF-8">
        <title>新闻栏目</title>
        <link rel="stylesheet" type="text/css" href="css/exe45.css"/>
    </head>
    <body>
        <div class="news">
            <h3>新闻<a href="#">more</a></h3>
            <ul>
                <li><a href="exe43_study.html">立足当下惜时光，学习交流——追梦青春<span>12-27</span></a></li>
                <li><a href="#">计算机与软件工程系圆满完成本学年经济普查工作<span>12-27</span></a></li>
                <li><a href="#">领导深入餐厅调研，并对食堂要求做问卷调查<span>12-27</span></a></li>
                <li><a href="#">院长一行深入计算机与软件工程系指导工作<span>12-27</span></a></li>
                <li><a href="#">我班本周将组织安全常识知识讲座在线学习活动<span>12-27</span></a></li>
                <li><a href="#">我院计算机与软件工程系将举办第 5 届校内软件大赛<span>12-27</span></a></li>
            </ul>
        </div>
    </body>
</html>
```

其中"新闻栏目"网页的 exe45.css 文件代码如下：

```css
body,div,h3,ul,li{
    margin: 0px;
    padding: 0px;
}
ul{
    list-style: none;
}
a{
    text-decoration: none;
}
.clr:after{
```

```css
        content: "";
        display: block;
        clear: both;
}
.news{
        width: 400px;
        /*border: 1px solid red;*/
        padding: 5px;
}
.news h3{
        border-bottom: 1px solid blue;
        padding-bottom: 5px;
}
.news h3 a{
        float: right;
        color: #777;
        font-size: 14px;
}
.news li{
        padding: 5px 0px;
        border-bottom: 1px dashed #333;
        font-size: 13px;
        background: url(…/img/star.JPG) no-repeat left;
        padding-left: 20px;
}
.news li a{
        color: black;
}
.news li:hover a{
        color: #900;
        font-weight: bold;
}
.news li:hover{
        cursor: pointer;
}
.news li span{
        float: right;
}
```

其中"学习交流"网页的 exe45_study.html 文件代码如下：

```html
<!DOCTYPE html>
<html>
    <head>
        <meta charset="UTF-8">
        <title>学习交流</title>
        <style type="text/css">
            body{
                margin: 0px auto;
```

```
            }
            .main{
                width: 750px;
                border: 1px solid red;
                padding: 10px;
                margin: auto;
            }
            h1{
                color: darkgreen;
                margin: 5px;
            }
            h4{
                color: darkblue;
                margin: 5px;
            }
            hr{
                background-color: lightgrey;
            }
            h2{
                color: dodgerblue;
                text-align: center;
                letter-spacing: 5px;
            }
            .from{
                color: dodgerblue;
                text-align: right;
                font-style: italic;
            }
            .pic img{
                width: 300px;
            }
            .pic{
                text-align: center;
            }
            p{
                text-indent: 2em;
                line-height: 180%;
            }
        </style>
        <link rel="stylesheet" type="text/css" href="css/exe45_study.css"/>
    </head>
<body>
        <a name="top"></a><div class="logo">
            <a href="exe45.html" target="_blank" title="新闻网首页"><img
src="img/logo.jpg"/></a><span>学习交流</span>&gt;正文
        </div>
        <div class="main clr">
            <h1>学习交流</h1>
```

```
        <h4>Class Study</h4>
        <hr />
        <h2>追梦青春</h2>
        <p class="from">计算机软件一班　叶芽</p>
        <div class="pic"><img src="img/dream.JPG"/></div>
        <p>每一个人都有自己的梦想，小学、初中、高中、大学……我们每时每刻都在追逐
自己的梦想，并为之努力奋斗。</p>
        <p>在短暂又漫长的青春时光里，我们会找到自己的同伴，并和他们一起不断前行，
互相帮助，最终能够以自己的力量，在梦想的天空中自由翱翔，攀上人生的巅峰。在校的几年里，不应该
虚度光阴，应该用宝贵的青春年华，为自己的人生增添一抹绚丽的色彩。</p>
        <div class="pic"><img src="img/park.JPG"/></div>
        <p>希望计算机软件班的同学们，能够在自己成长道路上绽放出耀眼的光芒！能够努
力拼搏，沿着梦想之路走向人生巅峰。让我们在追梦路上披荆斩棘，勇于创新，不断超越自我吧！</p>
        <h5><a href="#top">返回顶部</a></h5>
    </div>
    <div class="footer">
        <a href="http://www.sdcet.cn">山东电子职业技术学院</a>
        <a href="http://sdcet.fanya.chaoxing.com">超星学习平台</a>
        <a href="http://www.cctv.com">央视网</a>
        <a href="http://www.baidu.com">百度</a>
    </div>
</body>
</html>
```

其中"学习交流"网页的 exe45_study.css 文件代码如下：

```
.clr:after{
    content: "";
    display: block;
    clear: both;
}
.logo img{
    width: 150px;
    margin-right: 5px;
    float: left;
}
.logo{
    background-color: #E8E5E0;
    height: 70px;
}
.logo span{
    display:inline-block;
    height: 70px;
    line-height: 95px;
    /*background-color: pink;*/
}
h5{
    border: 1px solid red;
    width: 60px;
```

```css
        padding: 10px;
        float: right;
    }
    .footer{
        background-color: #e4e4e4;
        padding: 50px 0px;
        text-align: center;
    }
    .footer a{
        margin: 10px;
        text-decoration: none;
        color: #333;
    }
```

模块5 制作网站的多媒体相册页面

本模块主要完成"新闻网"中绿水青山相册页的制作,效果如图5-1所示。在优美的背景音乐下,绿水青山相册页展现了美丽中国山清水秀和良好的生态环境,而良好的生态环境就是人民群众的共同财富,保护环境就是保护生产力,"绿水青山就是金山银山"。本模块任务分解为"创建多媒体相册""调整相册行列结构""设置相册布局""设置多媒体效果"。通过本模块的学习旨在使学习者掌握表格和音频、视频等多媒体元素的应用。

图5-1 "新闻网"的绿水青山相册页

【学习目标】

- 掌握创建表格的步骤和方法;
- 掌握设置表格边框、高度、宽度、背景等属性的方法;
- 掌握使用表格布局页面结构的方法;
- 掌握在网页中添加音频、视频等多媒体元素的方法。

5.1 任务 1：创建多媒体相册

【任务描述】

本任务主要是应用表格技术展现"绿水青山"相册的内容，使学习者掌握表格的创建，熟练设置表格的各种属性，以及使用 CSS 样式修饰表格等，效果如图 5-2 所示。

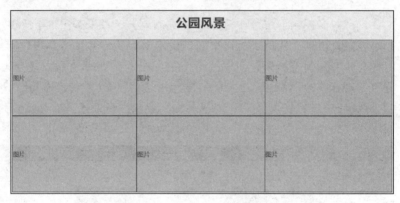

图 5-2　创建相册表格结构

5.1.1　表格组成

在实际开发中，通过表格行、列的结构对网页元素进行排版，把相互关联的信息以二维结构清晰地集中展现。例如，常见的课程表、销售报表、商品报价表等。

表格的标记\<table>\</table>，是双标记，表格内部有若干行\<tr>\</tr>，每行有若干单元格\<td>\</td>，单元格中承载的内容可以是文本、图片、列表、段落、表单、表格等，如果单元格中的内容是另一张表格，则构成了表格的嵌套。字母 tr 是 table row 的缩写，表示表格的行；td 是 table data 的缩写，表示表格数据，即单元格中的数据内容。

一般来说，表格除了行和单元格，还有表格的标题\<caption>\</caption>和表头\<th>\</th>，字母 th 是 table header 的缩写，表示表头，放在表格的第一行，也称作表格的字段名，默认文本居中、粗体的样式。

【例 5-1】创建学生信息表

【例 5-1】创建学生信息表

```
<!DOCTYPE html>
<html>
    <head>
        <meta charset="utf-8">
        <title>学生信息表</title>
    </head>
<body>
    <table border="1">
        <caption>学生信息表</caption>
        <tr><th>学号</th><th>姓名</th><th>性别</th></tr>
        <tr><td>1</td><td>张三</td><td>男</td></tr>
        <tr><td>2</td><td>李四</td><td>女</td></tr>
```

```
        <tr><td>3</td><td>王小五</td><td>男</td></tr>
    </table>
  </body>
</html>
```

运行效果如图 5-3 所示，代码中 border="1"，表示表格边框的属性值为 1px。

需要说明的是，如果表格中有标题，则代码中的<table>紧跟着<caption></caption>，然后是<tr>，继而是<td>；如果表格中没有标题，则代码中的<table>紧跟着<tr>，然后是<td>，这时在<td></td>标记里面可以承载具体的内容。也就是说，在<table>和<tr>之间、<tr>和<td>之间，不能插入其他标记或内容，只有在单元格<td></td>中才可以盛放任意标记或内容。

图 5-3　创建表格

5.1.2　表格属性

HTML 为表格提供了一系列属性，用于控制表格的显示样式。其常用属性如表 5-1 所示。

表 5-1　表格的常用属性

属 性 名	示　　例	说　　明
border	<table border="1" >	定义表格外边框线的宽度，默认值为 1px
width,height	<table width="300px" height="200px">	定义表格的宽度和高度，默认情况根据内容自动调整
cellspacing	<table border="1" cellspacing="5px" >	定义表格单元格之间的距离，默认值为 1px
cellpadding	<table border="1" cellpadding="10px" >	定义表格单元格内部的填充距离，默认值为 0px
align	<table align="center">	定义表格的对齐方式，取值有 left、center、right
bgcolor	<table bgcolor="blue">	定义表格的背景颜色
background	<table background="img/bg.jpg">	定义表格的背景图像

其中，align 属性用于设置表格的水平对齐方式，以控制表格在页面中的摆放位置，如设置表格在浏览器中水平居中，但表格单元格中的内容的对齐方式不受此影响。

【例 5-2】定义学生信息表的属性

```
<table border="10" width="300px" height="200px" cellspacing="5px" cellpadding=
"10px" align="center" bgcolor="lightskyblue">
    <caption>学生信息表</caption>
    <tr><th>学号</th><th>姓名</th><th>性别</th></tr>
    <tr><td>1</td><td>张三</td><td>男</td></tr>
    <tr><td>2</td><td>李四</td><td>女</td></tr>
    <tr><td>3</td><td>王小五</td><td>男</td></tr>
</table>
```

【例 5-2】定义学生信息表的属性

运行效果如图 5-4 所示。

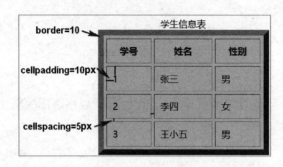

图 5-4　设置表格属性

在图 5-4 中，border 属性用于设置表格四周的边框线的粗细；cellpadding 属性用于设置表格中每个单元格内部的填充距离，如设置了学号为 1 的单元格内部，单元格中的内容"1"距离单元格边框的距离；cellspacing 定义了单元格和单元格之间的距离，如设置了学号为 2 的单元格和学号为 3 的单元格之间，以及学号为 2 的单元格与姓名为李四的单元格之间的距离。

根据结构与样式分离的原则可知，在定义表格样式时，一般使用 CSS 样式对表格进行美化修饰，而不直接使用表格属性对表格进行修饰。

【例 5-3】使用 CSS 美化学生信息表

【例 5-3】使用 CSS 美化学生信息表

```
<!DOCTYPE html>
<html>
    <head>
        <meta charset="utf-8">
        <title>学生信息表</title>
        <style type="text/css">
            table{
                width: 300px;
                border: 1px solid blue;
                border-collapse: collapse;
                /*设置表格边框折叠*/
            }
            caption{
                font-size: 18px;
                margin-bottom: 10px;
                letter-spacing: 2px;
            }
            th,td{
                border: 1px solid blue;
                padding: 5px;
                font-size: 14px;
            }
            th{
                background-color: #ccc;
            }
            td{
                text-align: center;
            }
```

```
        </style>
    </head>
    <body>
        <table>
            <caption>学生信息表</caption>
            <tr><th>学号</th><th>姓名</th><th>性别</th></tr>
            <tr><td>1</td><td>张三</td><td>男</td></tr>
            <tr><td>2</td><td>李四</td><td>女</td></tr>
            <tr><td>3</td><td>王小五</td><td>男</td></tr>
        </table>
    </body>
</html>
```

运行效果如图 5-5 所示。

其中，border-collapse 属性，用于设置表格的边框是否被合并为一个单一的边框，取值为 collapse，则将原本两个单元格各自的边框线折叠成一条单边框线。

学生信息表

学号	姓名	性别
1	张三	男
2	李四	女
3	王小五	男

图 5-5　使用 CSS 修饰表格

5.1.3　任务实施

创建多媒体相册表格，实施步骤如下。

（1）创建 photos.html 网页文件，HTML 程序代码如下：

```
<!DOCTYPE html>
<html>
    <head>
        <meta charset="UTF-8">
        <title>绿水青山多媒体相册</title>
        <link rel="stylesheet" type="text/css" href="css/photos.css"/>
    </head>
    <body>
        <div class="content">
            <table class="tab1">
                <caption>公园风景</caption>
                <tr><td>图片</td><td>图片</td><td>图片</td></tr>
                <tr><td>图片</td><td>图片</td><td>图片</td></tr>
            </table>
        </div>
    </body>
</html>
```

（2）创建 photos.css 样式文件，CSS 程序代码如下：

```
body{
    background-color: #f5f5f5;
    margin: 0px auto;
}
.content{
    width: 980px;
```

```
    border: 1px solid red;
    margin: auto;
    color: #4d4f53;
}
.tab1{
    width: 100%;
    border: 1px solid red;
    border-collapse: collapse;
}
.tab1 caption{
    padding: 25px;
    font-family: "微软雅黑";
    font-size: 30px;
    font-weight: bold;
    letter-spacing: 2px;
}
.tab1 td{
    border: 1px solid red;
    height: 190px;
    background-color: #CCCCCC;
}
```

5.2 任务 2：调整相册行列结构

【任务描述】

本任务主要是实现对表格中的单元格进行跨行合并和跨列合并，从而能够自如地调整表格的行列结构，以及能够使用 CSS 熟练灵活地对表格、行、单元格、表头、表格标题等元素进行修饰。页面效果如图 5-6 所示。

图 5-6　表格单元格合并

5.2.1　单元格属性

单元格属性用于设定表格中某一个单元格的属性，单元格的常用属性如表 5-2 所示。

表 5-2　单元格的常用属性

属 性 名	示　　例	说　　明
width	\<td width="150px"\>	设置单元格的宽度
height	\<td height="40px"\>	设置单元格的高度
align	\<td align="center"\>	设置单元格中水平方向的对齐方式，即 left、center、right；默认为 left，居左对齐
valign	\<td valign="bottom"\>	设置单元格中垂直方向的对齐方式，即 top、middle、bottom；默认为 middle，居中对齐
bgcolor	\<td bgcolor="#CCCCCC"\>	设置单元格的背景颜色
background	\<td background="img/bg.jpg"\>	设置单元格的背景图

5.2.2　单元格合并

根据表格的设计要求，如果将某些单元格合并，则需要使用单元格的跨行合并 rowspan 属性和跨列合并 colspan 属性。

【例 5-4】制作周工作计划表

【例 5-4】制作周工作计划表

```
<!DOCTYPE html>
<html>
    <head>
        <meta charset="utf-8">
        <title>周工作计划表</title>
        <style type="text/css">
            table{
                width: 800px;
                border: 1px solid blue;
                border-collapse: collapse;
                margin: auto;
            }
            caption{
                font-size: 24px;
                margin-bottom: 8px;
                letter-spacing: 2px;
            }
            th,td{
                border: 1px solid #777;
            }
            th{
                height: 40px;
                background-color: #e4e4e4;
            }
            .td1{
                width: 90px;
                text-align: center;
            }
            .td2{
```

```
                width: 30px;
                text-align: center;
                height: 160px;
            }
            .td3{
                width: 30px;
                text-align: center;
            }
        </style>
    </head>
    <body>
        <table>
            <caption>周工作计划表</caption>
            <tr><th class="td1">项目名称</th><th colspan="3">本周内容说明</th></tr>
            <tr><td rowspan="6" class="td1">工作计划</td><td rowspan="3" class="td2">重点工作</td><td class="td3">1.</td><td> </td></tr>
            <tr><td class="td3">2.</td><td> </td></tr>
            <tr><td class="td3">3.</td><td> </td></tr>
            <tr><td rowspan="3" class="td2">日常工作</td><td class="td3">1.</td><td> </td></tr>
            <tr><td class="td3">2.</td><td> </td></tr>
            <tr><td class="td3">3.</td><td> </td></tr>
        </table>
    </body>
</html>
```

运行效果如图 5-7 所示。

周工作计划表

<table>
<tr><th>项目名称</th><th colspan="3">本周内容说明</th></tr>
<tr><td rowspan="6">工作计划</td><td rowspan="3">重点工作</td><td>1.</td><td></td></tr>
<tr><td>2.</td><td></td></tr>
<tr><td>3.</td><td></td></tr>
<tr><td rowspan="3">日常工作</td><td>1.</td><td></td></tr>
<tr><td>2.</td><td></td></tr>
<tr><td>3.</td><td></td></tr>
</table>

图 5-7　周工作计划表的效果

如果周工作计划表中没有合并操作，那么应该是一个 7 行 4 列的表格。现在根据表格设计要求，需要将第 1 行第 2 列“本周内容说明”单元格，横向跨越 3 列，合并为 1 个单元格，所以该单元格设置<th colspan="3">，而它之后的单元格被合并了，必须删除，所以本行中只剩下 2 个单元格。在</th><th colspan="3">本周内容说明</th></tr>中，colspan 是 column 列与 span 跨越的组合，实现了水平方向跨越 3 列合并。同理，第 2 行第 1 列单元格“工作计划", 纵向跨越了 6 行, 所以该单元格设置跨越 6 行合并单元格<td rowspan="6">。

如果需要设置固定宽度的单元格 (或列), 一种方法是不定义表格的宽度, 逐个指定每列单元格的宽度; 另一种方法是定义表格总的宽度, 留一列单元格不定义宽度, 定义其他所有列的宽度。

如果某单元格中没有承载内容, 也一定要在该单元格中填入空格字符<td> </td>来占位。

5.2.3 任务实施

调整多媒体相册表格行列结构, 实施步骤如下。

(1) 将表格中第 1 行第 1 个单元格设置跨行合并 2 行, 并应用类选择器样式 first, 同时将原本的第 2 行第 1 个单元格删除。

(2) 在各个单元格中插入图像。photos.html 文件代码如下:

```
<!DOCTYPE html>
<html>
    <head>
        <meta charset="UTF-8">
        <title>绿水青山多媒体相册</title>
        <link rel="stylesheet" type="text/css" href="css/photos.css"/>
    </head>
    <body>
        <div class="content">
            <table class="tab1">
                <caption>公园风景</caption>
                <tr>
                    <td rowspan="2" class="first"><img src="img/park.jpg"/></td>
                    <td><img src="img/park1.jpg"/></td>
                    <td><img src="img/park2.jpg"/></td>
                </tr>
                <tr>
                    <td><img src="img/park3.jpg"/></td>
                    <td><img src="img/park4.jpg"/></td>
                </tr>
            </table>
        </div>
    </body>
</html>
```

(3) 在 photos.css 文件中, 继续添加样式文件, 分别设置表格中第一张大图和其他 4 张小图的大小和对齐方式。代码如下:

```
/*设置表格中图像样式开始*/
.tab1 .first img{
    width: 495px;
    height: 380px;
    vertical-align: middle;
}
```

```
.tab1 td img{
    width: 240px;
    height: 190px;
    vertical-align: middle;
}
/*设置表格中图像样式结束*/
```

5.3 任务 3：设置相册布局

【任务描述】

本任务主要实现通过表格嵌套的技术进行页面布局，并对表格设置背景、边框、边距、填充距离等属性，使页面精致美观。页面效果如图 5-8 所示。

图 5-8　设置相册布局

5.3.1　表格嵌套

表格单元格中可以承载文本、图像、列表等，如果承载的是另一个表格，则构成了表格嵌套。

当调整表格结构时，如果在设置了单元格合并之后，再对单元格宽度和高度进行调整，操作起来并不方便，出于对表格内容整体性、连贯性的考虑，使用在单元格中嵌套表格的技术来调整表格结构更合适。表格嵌套也适用于页面结构复杂，不希望插入新元素引起其他行列变化的情况。由于嵌套层次越多，网页载入的速度就会越慢，所以在使用表格嵌套时，需要进行多方面考虑。

【例 5-5】应用表格嵌套制作周工作计划表

【例 5-5】应用表格嵌套制作周工作计划表

```
<!DOCTYPE html>
<html>
    <head>
        <meta charset="utf-8">
```

```
        <title>表格嵌套</title>
        <style type="text/css">
            .main{
                width: 800px;
                border: 1px solid blue;
                border-collapse: collapse;
                margin: auto;
            }
            caption{
                font-size: 24px;
                margin-bottom: 8px;
                letter-spacing: 2px;
            }
            th,td{
                border: 1px solid #777;
            }
            th{
                height: 40px;
                background-color: #e4e4e4;
            }
            .main_td1{
                width: 90px;
                text-align: center;
            }
            .main_td2{
                padding: 8px;
            }
            .work{
                width: 100%;
                height: 160px;
                margin: auto;
                background-color: #f5f5f5;
                border-collapse: collapse;
            }
            .work_td1{
                width: 30px;
                text-align: center;
            }
        </style>
</head>
<body>
    <!-- 制作 3 行 2 列的表格 -->
    <table class="main">
        <caption>周工作计划表</caption>
        <tr><th class="main_td1">项目名称</th><th>本周内容说明</th></tr>
        <tr>
            <td class="main_td1" rowspan="3">工作计划</td>
            <td class="main_td2">
```

```html
                    <!-- 嵌套 3×3 表格开始 -->
                    <table class="work">
                        <tr><td class="work_td1" rowspan="3">重点工作</td>
<td class="work_td1">1.</td><td> </td></tr>
                        <tr><td class="work_td1">1.</td><td> </td></tr>
                        <tr><td class="work_td1">1.</td><td> </td></tr>
                    </table>
                    <!-- 嵌套 3×3 表格结束 -->
                </td>
            </tr>
            <tr>
                <td class="main_td2">
                    <!-- 嵌套 3×3 表格开始 -->
                    <table class="work">
                        <tr><td class="work_td1" rowspan="3">重点工作</td>
<td class="work_td1">1.</td><td> </td></tr>
                        <tr><td class="work_td1">1.</td><td> </td></tr>
                        <tr><td class="work_td1">1.</td><td> </td></tr>
                    </table>
                    <!-- 嵌套 3×3 表格结束 -->
                </td>
            </tr>
        </table>
    </body>
</html>
```

运行效果如图 5-9 所示。

图 5-9　表格嵌套的效果

5.3.2　表格布局

表格不仅可以用来展现一组相关信息，如工作计划表，而且可以进行页面布局，就是应用表格技术对整个网页进行页面布局，或对页面中某个版块进行布局。

【例 5-6】使用表格布局页面结构

```html
<!DOCTYPE html>
```

【例 5-6】使用表格布局页面结构

```html
<html>
    <head>
        <meta charset="utf-8">
        <title>表格布局</title>
        <link rel="stylesheet" type="text/css" href="css/demo5.css" />
    </head>
    <body>
        <div class="container">
            <!-- 制作顶部 2 行 4 列表格开始 -->
            <table class="top">
                <tr>
                    <th class="logo">网站 Logo</th>
                    <th> </th>
                    <th class="login">登录</th>
                    <th class="login">注册</th>
                </tr>
                <tr>
                    <td colspan="4">
                        <!-- 导航条 -->
                        <table class="nav">
                            <tr>
                                <td class="nav_td">导航</td>
                                <td class="nav_td">导航</td>
                                <td class="nav_td">导航</td>
                                <td class="nav_td">导航</td>
                                <td class="nav_td">导航</td>
                                <td> </td>
                            </tr>
                        </table>
                    </td>
                </tr>
            </table>
            <!-- 制作顶部 2 行 4 列表格结束-->
            <!-- 制作主体和版权 2 行 3 列表格开始 -->
            <table class="content">
                <tr>
                    <td class="left">左侧栏</td>
                    <td class="main">中间主体</td>
                    <td class="right">右侧栏</td>
                </tr>
                <tr>
                    <td colspan="3" class="foot">版权区</td>
                </tr>
            </table>
            <!-- 制作主体和版权 2 行 3 列表格结束-->
        </div>
    </body>
</html>
```

其中 CSS 代码如下：

```
body{
    margin: 0px auto;
}
.container{
    width: 980px;
    margin: auto;
}
.top{
    width: 100%;
    border-collapse: collapse;
    background-color: #CCCCCC;
}
th,td{
    border: 1px solid gray;
}
.logo{
    width: 200px;
    height: 60px;
}
.login{
    width: 60px;
}
/* 定义导航开始 */
.nav{
    width: 100%;
    height: 40px;
    border-collapse: collapse;
}
.nav td{
    border: none;
}
.nav .nav_td{
    width: 125px;
    border-right: 1px solid gray;
}
/* 定义导航结束 */
/* 定义主体区开始 */
.content{
    width: 100%;
    height: 500px;
    background-color: #F5F5F5;
    border-collapse: collapse;
}
.left,.right{
    width: 25%;
}
```

```
/* 定义主体区结束 */
.foot{
    height: 80px;
    text-align: center;
}
```

运行效果如图 5-10 所示。

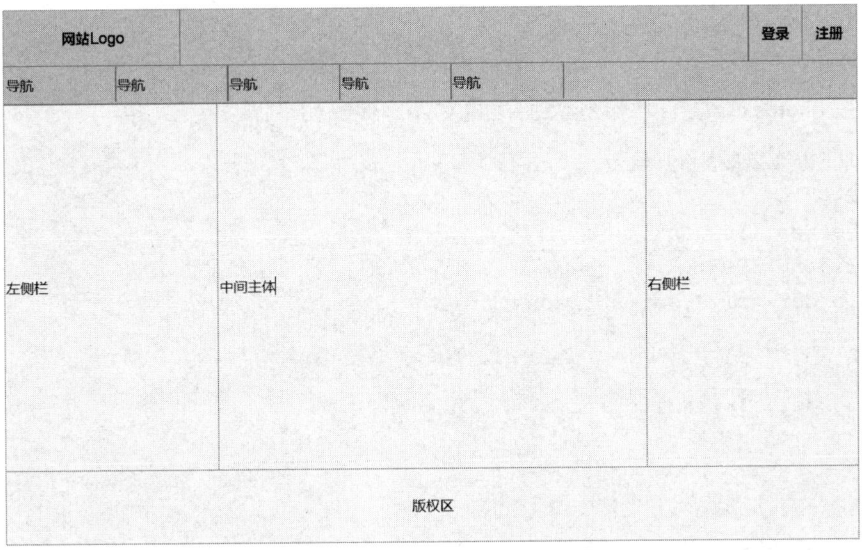

图 5-10　使用表格布局页面结构的效果

　　由于在浏览网页时，需要将表格中的所有内容都加载完毕后才显示，因此为了提高页面显示速度，不要将全部内容放在一张表格中。示例中，在网页整体布局上，使用了两个表格，将页面结构划分上、下两部分，上方的表格承载网页的 Logo 和导航条，下方的表格承载主体内容和版权区。

5.3.3　任务实施

应用表格嵌套技术实现多媒体相册布局的步骤如下。

（1）在 photos.html 文件中继续添加第 2 张表格。代码如下：

```
<table class="tab2">
    <caption>
        <h1>绿水青山就是金山银山</h1>
        <p>坚持人与自然和谐共生，必须树立和践行绿水青山就是金山银山的理念，坚持节约资源和保护环境的基本国策。</p>
    </caption>
    <tr><th> <!--使用背景图片--></th></tr>
    <tr><td><h1>美丽的夏天</h1></td></tr>
    <tr><td>
        <!--此处嵌套 1 行 6 列的表格-->
        <table class="tab3">
            <tr>
                <td><img src="img/s1.jpg" /></td>
```

```
                    <td><img src="img/s2.jpg" /></td>
                    <td><img src="img/s3.jpg" /></td>
                    <td><img src="img/s4.jpg" /></td>
                    <td><img src="img/s5.jpg" /></td>
                    <td><img src="img/s6.jpg" /></td>
                </tr>
            </table>
        </td></tr>
</table>
```

（2）在 photos.css 文件中继续添加样式文件。代码如下：

```
/*修饰下方第 2 张表格开始*/
.tab2{
    border: 1px solid red;
    width: 100%;
    border-collapse: collapse;
}
.tab2 th,.tab2 td{
    border: 1px solid red;
}
.tab2 tr th{
    height: 345px;
    background: url(…/img/city.jpg) no-repeat center;
}
.tab2 h1{
    font-size: 30px;
    text-align: center;
    padding: 20px 0px;
    letter-spacing: 2px;
}
/*修饰下方第 2 张表格结束*/
/*修饰嵌套第 3 张表格开始*/
.tab3{
    width: 100%;
    border-collapse: collapse;
}
.tab3 td{
    height: 150px;
}
.tab3 img{
    width: 150px;
    height: 150px;
    border-radius: 50%;
}
/*修饰嵌套第 3 张表格结束*/
```

5.4 任务 4：设置多媒体效果

【任务描述】

本任务主要实现为页面添加背景音乐，使页面更加生动，富有活力。通过学习本任务，使学习者掌握在页面中添加各种多媒体元素的方法，并能够对元素进行控制。在网页中添加音频元素的效果如图 5-11 所示。

图 5-11　在网页中添加音频元素的效果

5.4.1　音频

<audio>标记，用于设置音频元素。

示例代码如下：

```
<audio src="media/ starrysky.mp3" controls="controls" autoplay="autoplay"
loop="loop">
        当前浏览器不支持 audio
</audio>
```

其中，src 属性用于设置音频文件的路径；controls 属性用于设置播放、暂停和音量的控件；autoplay 属性用于指定音频自动播放，但是有些浏览器屏蔽了视频、音频的自动播放功能，在这种情况下此功能则不能实现；loop 属性用于设置音频播放完自动循环播放。如果用户的浏览器不支持 audio，则会在<audio></audio>之间显示"当前浏览器不支持 audio"提示信息；如果用户的浏览器支持 audio，则不会显示提示信息，如图 5-12 所示。

针对不同浏览器对音频文件类型的支持不同，可以同时使用多种格式的音频文件。代码如下：

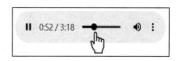

图 5-12　页面中播放音频的效果

```
<audio controls>
    <source src="media/ starrysky.mp3" "/>
    <source src="media/ starrysky.ogg" />
    <source src="media/ starrysky.wav" />
</audio>
```

5.4.2 视频

<video>标记，用于在 HTML 页面中嵌入视频元素。

示例代码如下：

```
<video width="800" controls="controls" autoplay="autoplay" loop="loop"
src="media/OntheLoveofLotus.mp4">
</video>
```

其中，width="800"，表示设置视频播放区域的宽度为 800 像素，此时视频区域的高度将与宽度自动等比例变化。

需要注意的是，由于有些浏览器不支持部分视频格式，可以用<source>引用多个类型视频，这样能够更好地提升用户体验度。代码如下：

```
<video width="800" controls="controls" autoplay="autoplay" loop="loop">
    <source src="media/OntheLoveofLotus.mp4" type="video/mp4"></source>
    <source src="OntheLoveofLotus.ogv" type="video/ogg"></source>
    <source src="OntheLoveofLotus.webm" type="video/webm"></source>
    当前浏览器不支持 video 直接播放，点击这里下载视频：
    <a href=" OntheLoveofLotus.webm">下载视频</a>
</video>
```

【例 5-7】页面中嵌入视频元素

【例 5-7】页面中嵌入
视频元素

```
<!DOCTYPE html>
<html>
    <head>
        <meta charset="utf-8">
        <title>页面中嵌入视频</title>
        <style type="text/css">
            body{
                margin: 0px auto;
            }
            h3{
                text-align: center;
                letter-spacing: 2px;
            }
            .main{
                width: 980px;
                border: 1px solid red;
                margin: auto;
                background-color: #E4E4E4;
                padding: 1px;
```

```
            }
            video{
                width: 100%;
                vertical-align: middle;
            }
        </style>
    </head>
    <body>
        <div class="main">
            <h3>视频：爱莲说</h3>
            <video controls="controls">
                <source src="media/OntheLoveofLotus.mp4" type="video/mp4">
</source>
                <source src="OntheLoveofLotus.ogv" type="video/ogg"></source>
                <source src="OntheLoveofLotus.webm" type="video/webm"></source>
                当前浏览器不支持 video 直接播放，点击这里下载视频：
                <a href=" OntheLoveofLotus.webm">下载视频</a>
            </video>
        </div>
    </body>
</html>
```

运行效果如图 5-13 所示。

图 5-13　页面中播放视频的效果

需要注意的是，如果将<video>标记嵌入<div>标记，需要对<video>标记设置垂直居中对齐，即 vertical-align: middle;，否则<video>盒子会与<div>标记下边框之间存在一个无法贴合的间距，对于<img>标记嵌入<div>也是如此。

5.4.3 任务实施

为多媒体相册设置背景音乐效果的步骤如下。

（1）在项目文件夹的根目录中创建文件夹 audio，用于存放音频文件，并将准备好的 starrysky.mp3 声音文件存放在 audio 文件夹中。

（2）在 photos.html 文件中，输入如下程序代码，为网页添加背景音乐，并设置隐藏控制面板和自动播放音乐。

```
<div class="music">
    <audio autoplay="autoplay">
        <source src="audio/starrysky.mp3" />
    </audio>
</div>
```

程序代码中，通过取消 controls 属性设置，实现音频控制面板隐藏的效果；通过设置 autoplay 属性，实现音乐自动播放的效果。

5.5 知识进阶

表格在网页中不仅可以用于展现数据信息，而且可以做特殊应用，如使用表格制作 1px 的细线、应用表格调整网页元素之间的间距等。另外，也可以给表格设置各种美观的样式，如设置表格奇偶行的不同背景颜色、设置表格各个列的不同样式、设置表格当前行的颜色变化等。页面效果如图 5-14 所示。

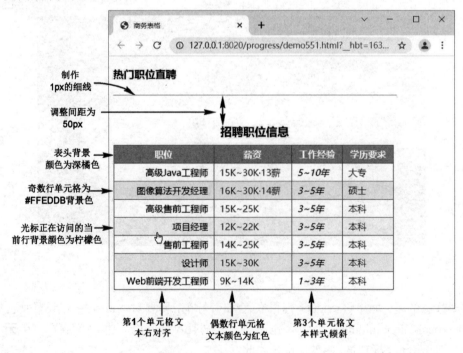

图 5-14　表格的特殊应用

1．使用表格制作 1px 的细线

使用表格制作一条 1px 的细线，可以通过创建 1 行 1 列的表格，仅设置表格的宽度和 border-bottom:1px solid gray;，不设置其他方向的 border 线条，并且单元格内容为空来实现。

HTML 文件代码如下：

```
<table class="line">
    <tr><td> <!--制作 1px 水平线--></td></tr>
</table>
```

CSS 样式文件代码如下：

```
.line {
    width: 500px;
    border-bottom: 1px solid gray;
}
```

2．使用表格调整元素间距

使用表格调整网页中线条和标题之间 50px 的间距，可以通过创建 1 行 1 列的表格，仅设置表格的高度为 50px，并且单元格内容为空来实现。

在这里表格只是以空白空间展现，并不显示出来，起到撑开线条和标题之间间距的作用。

HTML 文件代码如下：

```
<table class="space">
    <tr><td> <!--调整元素间距，位置关系--></td></tr>
</table>
```

CSS 样式文件代码如下：

```
.space {
    height: 50px;
    /*border: 1px solid red;此处 border 的设置可以用来调试程序*/
}
```

3．制作隔行变色的表格样式

设置表格奇数行和偶数行不同的颜色样式，使得表格呈现隔行变色的外观效果。表格第一行为表格的表头，样式一般设置突出，单独设置。当光标访问到某一行时，该行背景颜色发生变化；当光标离开该行时，该行样式恢复原样，呈现交互动态感。

HTML 文件代码如下：

```
<table class="info">
    <caption>招聘职位信息</caption>
    <tr><th>职位</th><th>薪资</th><th>工作经验</th><th>学历要求</th></tr>
    <tr><td>高级 Java 工程师</td><td>15K～30K&middot;13 薪</td><td>5～10 年</td>
<td>大专</td></tr>
    <tr><td>图像算法开发经理</td><td>16K～30K&middot;14 薪</td><td>3～5 年</td>
<td>硕士</td></tr>
    <tr><td>高级售前工程师</td><td>15K～25K</td><td>3～5 年</td><td>本科</td>
</tr>
```

```
    <tr><td>项目经理</td><td>12K～22K</td><td>3～5 年</td><td>本科</td></tr>
    <tr><td>售前工程师</td><td>14K～25K</td><td>3～5 年</td><td>本科</td></tr>
    <tr><td>设计师</td><td>15K～30K</td><td>3～5 年</td><td>本科</td></tr>
    <tr><td>web 前端开发工程师</td><td>9K～14K</td><td>1～3 年</td><td>本科
</td></tr>
    </table>
```

CSS 样式文件代码如下：

```css
.info {
    width: 500px;
    border-collapse: collapse;
    font-size: 16px;
    font-weight: 500;
}
.info table,
.info th,
.info td {
    border: 1px solid orangered;
    padding: 5px 10px;
}
.info caption {
    font-weight: bolder;
    margin-bottom: 10px;
    font-size: 20px;
}
.info th {
    background-color: darkorange;
    color: white;
    text-align: center;
}
.info tr:nth-child(odd) {
    background-color: #FFEDDB;
}
.info tr:hover {
    cursor: pointer;
    background-color: lemonchiffon;
}
```

其中，:nth-child(n)是 CSS 中的伪类选择器，作用是匹配属于其父元素的第 n 个子元素，不论元素是哪种类型，其中的参数 n 可以是数字、关键词或公式。例如，:nth-child(3)选择第 3 个子元素，:nth-child(even)选择所有是偶数的子元素。代码中，.info tr:nth-child(odd)用于定义表格中奇数行的样式，odd 参数用于读取 1、3、5 等奇数元素。如果参数是 even，则读取 2、4、6 等偶数元素。

4. 设置表格中列的样式

在图 5-14 中，表格设置了第一列的对齐方式为右对齐，第 2、4 偶数行的文字颜色设置为红色，第 3 列的文字设置倾斜。代码如下：

```
.info td:first-child {
    text-align: right;
}
.info td:nth-child(even) {
    color: red;
}
.info td:nth-child(3) {
    font-style: italic;
}
```

5.6　小结

本模块学习了在网页中创建表格的方法，使用 CSS 技术美化修饰表格，设置调整表格行列结构，应用表格布局网页结构，同时学习了设置网页的多媒体效果等，具体内容如下。

1．表格表现信息清晰简明，通过表格展示网页中的一组相关内容。

2．表格的标记<table></table>，是双标记，表格内部有若干行<tr></tr>，每行有若干单元格<td></td>，只有单元格中才能承载内容。

3．表格的常用属性，如 border、width、height、align 等，用于修饰表格显示样式。

4．使用单元格的跨行合并 rowspan 属性和跨列合并 colspan 属性可以改变表格的结构。

5．表格单元格中可以承载任何标记或内容，如果承载的是另一个完整的表格结构，则构成了表格嵌套。

6．使用表格不仅可以展现如课程表中时间和课程之间二维关系的一组相关信息，而且可以进行网页布局，但是通常很少使用。

7．在网页中可以通过使用<audio>标记添加音频和使用<vedio>标记添加视频等多媒体元素，以增强网页的表现力。

5.7　实训任务

【实训目的】

1．掌握创建表格，通过表格展示网页内容的方法；

2．掌握设置表格边框、填充、背景等属性的方法；

3．掌握对单元格进行跨行合并、跨列合并的方法；

4．掌握设置嵌套表格，进行网页布局的方法；

5．掌握通过为网页添加多媒体元素来增强网页的表现力的方法。

【实训内容】

实训任务 1：制作班级网站的班级课程表

【任务描述】

制作班级网站中班级课程表，设置表格标题，定义星期一到星期三 3 个列等宽，为表格设置精美的背景图，并设置表格中各个元素的样式，页面效果如图 5-15 所示。

图 5-15　班级课程表的效果

【实训任务指导】

1. 使用<table>标记创建 6 行 4 列表格，设置表格的<caption>标记。

2. 通过跨行合并的 rowspan 属性和跨列合并的 colspan 属性，调整表格布局样式。

3. 为表格的<table>标记设置背景图片。

任务 1 实现的主要代码如下。

其中 HTML 文件代码如下：

```
<!DOCTYPE html>
<html>
    <head>
        <meta charset="UTF-8">
        <title>班级课程表</title>
        <link rel="stylesheet" type="text/css" href="css/exe51.css"/>
    </head>
    <body>
        <table>
            <caption>班级课程表</caption>
            <tr><th class="first">时间</th><th>星期一</th><th>星期二</th>
<th>星期三</th></tr>
            <tr><td class="first">早晨</td><td colspan="3" class="blue">早
读</td></tr>
            <tr><td class="first">1—2</td><td>高等数学</td><td rowspan="2">
Web 编程基础</td><td>操作系统</td></tr>
            <tr><td class="first">3—4</td><td>大学英语</td><td>大学英语</td>
</tr>
            <tr><td class="first">中午</td><td colspan="3" class="blue">午
休</td></tr>
            <tr><td colspan="4">
                <h4>说明：</h4>
                <p>按照国家法定假期放假、休息；在专业课的课程设计周，必修课停课一周，
其他选修课照常上课。</p>
```

```
            </td></tr>
        </table>
    </body>
</html>
```

其中 exe51.css 文件代码如下：

```
table{
    border: 1px solid black;
    border-collapse: collapse;
    background: url(…/img/bg.jpg);
}
th,td{
    border: 1px solid black;
    width: 150px;
    padding: 10px;
    text-align: center;
}
.first{
    width: 50px;
    font-weight: bold;
}
caption{
    font-size: 28px;
    font-weight: bold;
    letter-spacing: .3em;
    color: blue;
    margin-bottom: 10px;
}
.blue{
    color: blue;
    letter-spacing: 2em;
    font-weight: bold;
}
h4{
    text-align: left;
    margin: 0px;
    color: #000;
}
p{
    margin: 0px;
    color: #000;
    text-indent: 2em;
    text-align: left;
    font-size: 16px;
    line-height: 180%;
}
```

实训任务 2：制作班级网站的学生信息登记表

【任务描述】

制作班级网站中学生信息登记表格，灵活设置表格单元格跨行合并、跨列合并等特殊布局效果，页面效果如图 5-16 所示。

学生信息登记表						
姓名		性别		民族		照片
曾用名		出生年月				
学籍号			所在班级			
身份证号码						
是否寄宿		是否受过学前教育		是否独生子女		
家庭地址						

图 5-16　学生信息登记表的效果

【实训任务指导】

1．使用 <table> 标记创建 7 行 7 列的表格，设置表格 <th> 表头，实现字段名效果。

2．通过跨行合并 rowspan 属性和跨列合并 colspan 属性，设置表格特殊布局样式。

3．为表格中各元素设置各自样式的风格。

任务 2 实现的主要代码如下。

其中 HTML 文件代码如下：

```
<!DOCTYPE html>
<html>
    <head>
        <meta charset="UTF-8">
        <title>学生信息登记表</title>
        <link rel="stylesheet" type="text/css" href="css/exe52.css"/>
    </head>
    <body>
        <table>
            <tr><th colspan="7">学生信息登记表</th></tr>
            <tr><td>姓 名</td><td> </td><td>性 别</td><td> </td>
<td>民族</td><td> </td><td rowspan="5" class="pic">照片</td></tr>
            <tr><td>曾用名</td><td> </td><td>出生年月</td><td colspan=
"3"> </td></tr>
            <tr><td>学籍号</td><td colspan="2"> </td><td>所在班级</td>
<td colspan="2"></td></tr>
            <tr><td colspan="2">身份证号码</td><td colspan="4"> </td>
</tr>
            <tr><td>是否寄宿</td><td> </td><td>是否受过学前教育</td><td> 
</td><td>是否独生子女</td><td> </td></tr>
            <tr><td colspan="2">家庭地址</td><td colspan="5"> </td></tr>
```

```
        </table>
    </body>
</html>
```

其中 exe52.css 文件代码如下：

```
table{
    border: 1px solid blue;
    border-collapse: collapse;
}
th,td{
    border: 1px solid blue;
    width: 80px;
    text-align: center;
}
.pic{
    width: 150px;
    vertical-align: middle;
}
tr{
    height: 50px;
    vertical-align: top;
}
th{
    vertical-align: middle;
}
```

实训任务 3：制作班级网站的新闻栏目

【任务描述】

本任务应用表格制作班级网站的新闻栏目，新闻栏目区域固定宽度，新闻条目初始状态为浅灰色衬底白色 14px 文字，当光标悬浮在新闻条目上时，该条目背景颜色变为酒红色，文字为白色 16px 粗体，运行效果如图 5-17 所示。

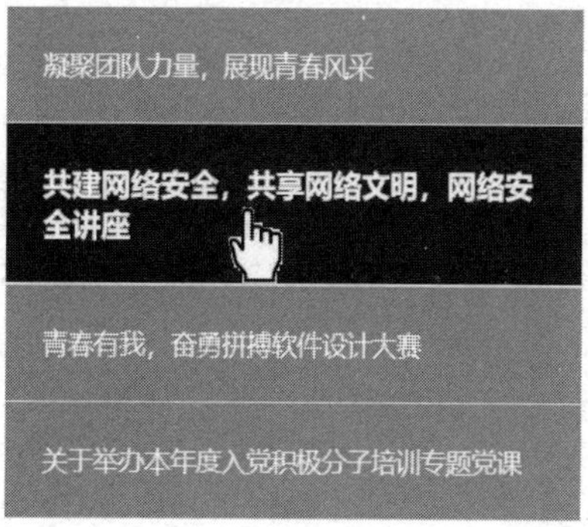

【实训任务指导】

1．使用 4 行 1 列的表格制作新闻栏目，表格固定宽度，单元格内部设置填充距离。

2．单元格内部设置超链接，并通过 CSS 修饰超链接的样式。

3．对单元格设置初始字号为 14px，只设置单元格边框下边线。

4．设置单元格<td>标记的伪类 hover 样式为 td:hover，实现当光标悬浮时变换文本及背景样式。

图 5-17　班级网站的新闻栏的目效果

任务 3 实现的主要代码：

其中 HTML 文件代码如下：

```
<!DOCTYPE html>
<html>
    <head>
        <meta charset="utf-8">
        <title>应用表格制作班级新闻栏目</title>
        <link rel="stylesheet" type="text/css" href="css/exe53.css"/>
    </head>
    <body>
        <div class="main">
            <table>
                <tr><td><a href="#">凝聚团队力量，展现青春风采</a></td></tr>
                <tr><td><a href="#">共建网络安全，共享网络文明，网络安全讲座</a>
</td></tr>
                <tr><td><a href="#">青春有我,奋勇拼搏软件设计大赛</a></td></tr>
                <tr><td><a href="#">关于举办本年度入党积极分子培训专题党课</a>
</td></tr>
            </table>
        </div>
    </body>
</html>
```

其中 exe53.css 文件代码如下：

```
table{
    width: 320px;
    background-color: #999;
    border-collapse: collapse;
}
a{
    text-decoration: none;
    color: white;
}
td{
    padding: 20px;
    border-bottom: 1px solid #E6E6FA;
    font-size: 14px;
}
td:hover{
    cursor: pointer;
    /*设置背景颜色为#900 深红色*/
    background-color: #900;
    font-weight: bold;
    font-size: 16px;
}
```

实训任务 4：制作班级网站的首页布局

【任务描述】

班级网站的首页效果如图 5-18 所示。通过本任务使学习者掌握应用表格技术制作班级网站的首页布局，页面布局效果如图 5-19 所示。

图 5-18　班级网站的首页布局效果

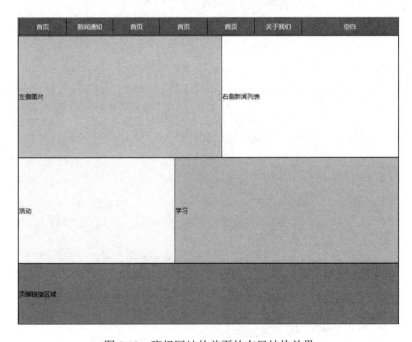

图 5-19　班级网站的首页的布局结构效果

【实训任务指导】

1. 本任务主要掌握使用表格布局页面结构，出于考虑页面的加载速度，不要将所有内容装在一张表格中。页面自上而下，使用 4 个表格分别控制页面的 Logo、Banner、中间内容和页面底部区域。

2. 考虑导航条占用多列，为便于控制各个单元格的样式，在该单元格中嵌套 1 行 7 列的表格，使用内容为空的单元格调整画面布局。

3. 中间主体区，分别使用 1 行 2 列的表格，各自控制布局。

任务 4 实现的主要代码如下。

其中 HTML 文件代码如下：

```html
<!DOCTYPE html>
<html>
    <head>
        <meta charset="UTF-8">
        <title>表格布局班级首页</title>
        <link rel="stylesheet" type="text/css" href="css/exe54.css" />
    </head>
<body>
    <div class="content">
        <table class="tab1">
            <tr>
                <td>
                    <!--nav-->
                    <table class="nav">
                        <tr>
                            <td>首页</td>
                            <td>新闻通知</td>
                            <td>首页</td>
                            <td>首页</td>
                            <td>首页</td>
                            <td>关于我们</td>
                            <td class="nav_last">空白</td>
                        </tr>
                    </table>
                </td>
            </tr>
        </table>
        <!--中间上部分开始-->
        <table class="tab2">
            <tr>
                <td class="tab2_left">左侧图片</td>
                <td class="tab2_right">右侧新闻列表</td>
            </tr>
        </table>
        <!--中间上部分结束-->
        <!--中间下部分开始-->
```

```
                <table class="tab3">
                    <tr>
                        <td class="tab3_left">活动</td>
                        <td class="tab3_right">学习</td>
                    </tr>
                </table>
                <!--中间下部分结束-->
                <table class="footer">
                    <tr><td>页脚链接区域</td></tr>
                </table>
            </div>
        </body>
</html>
```

其中 exe54.css 文件代码如下：

```
body{
    margin: 0px auto;
}
.content{
    width: 980px;
    border: 1px solid red;
    margin: auto;
}
table{
    width: 100%;
    border: 1px solid blue;
    border-collapse: collapse;
}
td{
    border: 1px solid blue;
}
.nav{
    height: 40px;
    background-color: dodgerblue;
    text-align: center;
    color: white;
}
.nav td{
    width: 120px;
}
.nav .nav_last{
    width: 250px;
}
.tab2{
    height: 300px;
}
.tab2_left{
    width: 520px;
```

```
        background-color: powderblue;
    }
    .tab3{
        height:260px ;
        width: 980px;
        background-color: pink;
    }
    .tab3_left{
        height: 100%;
        width: 400px;
        background-color: honeydew;
    }
    .footer{
        width: 100%;
        background-color: #999;
        height: 150px;
        margin-bottom: 100px;
    }
```

模块6 制作网站的会员注册页面

　　表单，在网页中有着举足轻重的作用。例如，我们经常填写的用户登录、会员注册、调查问卷等都是表单。与之前的 HTML 版本相比，在 HTML5 中新增的表单属性、表单类型、表单元素等，都能让程序员为之兴奋。现在使用 HTML5 新增的一个简单的属性就能实现以前要用 JavaScript 中大篇幅的代码才能完成的验证功能。在我们享受便利成果的同时，不要忘了给我们创造便利的人，正是"饮水思源，吃水不忘挖井人"。本模块主要完成"新闻网"中会员注册页的制作，页面效果如图 6-1 所示。本模块任务分解为"制作基本信息区""制作信息收集区""制作法律条款区"。通过本模块的学习，旨在使学习者掌握表单和浮动框架技术。

图 6-1　"新闻网"的会员注册页

【学习目标】

- 掌握创建表单的方法；
- 理解 get 和 post 两种提交方式的区别；
- 掌握常用输入组件的使用方法；
- 掌握表单元素的使用方法；
- 掌握表单元素的常用属性。

6.1 任务 1：制作基本信息区

【任务描述】

本任务主要学习制作"新闻网"中新用户注册页面的上半部分——基本信息区，使学习者理解表单的概念，熟练掌握创建表单的基本元素，并能够对各种单行输入控件进行创建和修饰，页面效果如图 6-2 所示。

图 6-2　会员注册页中基本信息区的效果

6.1.1　表单基础

网页中的表单用于接收用户的输入，收集用户信息、用户反馈。当用户填完表单单击"提交"按钮时，就会将表单中填写的数据发送到网站服务器，由服务器端的有关程序接收、处理，处理之后，将用户提交的数据存储到服务器端的数据库中或反馈回客户端浏览器，从而实现客户端与服务器之间的交互处理。

创建表单的标记是<form>，在表单开始标记<form>和表单结束标记</form>之间，限定了表单数据的范围。程序代码如下：

```
<form action="#" name="" method="post">
    <!-- 表单元素 -->
    <input type="submit" value="提交"/>
</form>
```

其中，<form>标记的属性如下。

（1）action：用于指定服务器端接收表单请求及数据的具体地址或程序。此处目标暂且为空，先用"#"占位，调试程序。

（2）name：用于设置表单的名称。

（3）method：用于定义表单的提交方式，属性值有 get 和 post 两种。

get 提交方式是以"键-值"对的形式，将表单数据以明文形式追加到 action 属性所指的 URL 地址中，字符最大长度是 2048 个，所以使用 get 方式提交的表单，建议不要发送需要保密的敏感数据，并且要注意数据量受限。

post 提交方式是以数据块的方式传递，传送的数据量可以较大，一般不受限制，安全性相对较高。

此外，表单还有两个新增属性，具体如下。

（1）autocomplete：用于指定表单是否启用自动完成功能。当用户在表单的输入框中输入内容时，浏览器基于用户之前输入过的值进行预测，将预测内容展示在输入框的下方，帮助用户快速自动完成输入，该属性值有 on 和 off 两项。

（2）novalidate：用于规定当提交表单时，不对表单输入的数据进行验证。例如，表单输入框设置了 required 属性，指定该输入框为必填项，客户端浏览器本身具备检测表单的功能，如果用户在输入框中没有填写内容，浏览器将弹出提示框，提示用户此项为必填项，并不予提交表单。而当 form 设置了 novalidate 属性，用户在提交表单时，浏览器将取消对表单的验证功能，不再对表单进行检测。

一个表单应由<form></form>表单标记、表单元素和提交按钮三部分构成。常见的表单元素有文本输入框、密码输入框、单选按钮、复选框、下拉列表、多行文本域等。

【例 6-1】设置表单属性

```
<!DOCTYPE html>
<html>
    <head>
        <meta charset="utf-8">
        <title>表单</title>
    </head>
    <body>
        <form  action="#"  name="login"  method="post"  autocomplete="on"
novalidate="novalidate">
            <label>昵称：</label>
            <input type="text" id="user" value="" />
            <input type="submit" value="登录" />
        </form>
    </body>
</html>
```

【例 6-1】设置表单属性

在上述代码中，使用到的表单的各个元素，将在后面陆续学习。通过本例，主要使学习者了解表单 form 的常用属性和表单的构成。

运行效果如图 6-3 所示。

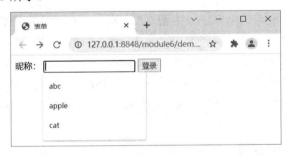

图 6-3　表单的 autocomplete 属性的效果

当用户选择"昵称"的文本输入框时，会自动弹出下拉列表框，下拉列表框中罗列了用户之前登录的信息内容，用户可以在下拉列表框中选择，快速完成登录操作，这是 autocomplete 自动完成属性的功能。

6.1.2 辅助标记

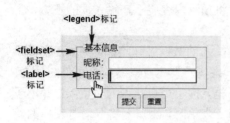

图 6-4 辅助标记功能的效果

表单中除了用于收集用户信息的表单元素，辅助标记也是必不可少的。

辅助标记中，<fieldset>标记，用于组合表单中的相关数据；<legend>标记，用于为<fieldset>标记定义标题；<label>标记，用于展示静态提示信息。辅助标记功能的效果如图 6-4 所示。

实现上述辅助标记功能的代码，如下所示：

```
<fieldset id="">
    <legend>基本信息</legend>
    <div><label for="user">昵称:</label><input type="text" id="user" /></div>
    <div><label for="phone">电话: </label><input type="text" id="phone" /></div>
</fieldset>
```

其中，<label for="phone">中 for 的属性值与<input type="text" id="phone" value="" />中 id 的属性值设置相同，都是 phone，可以把 label 标记的提示信息"电话"两个字绑定到它右侧表单元素的文本输入框上，也就是当单击"电话"文本时，就会触发激活右侧的文本输入框，此时光标将自动定位到文本输入框中。

6.1.3 单行文本输入框

<input>标记是单行输入标记，是一个单标记，是表单中最重要、最广泛应用的一个表单元素，主要用于收集用户信息。输入类型有文本输入框、密码输入框、单选按钮、复选框等，具体表现为哪一种类型，取决于<input>标记中的 type 属性值。

当 type 属性值为 text 时，创建的输入类型为单行文本输入框，用于收集用户输入的、单行的、少量的文本信息。像在表单中经常填写的用户名、昵称、家庭住址、籍贯等，都是由单行文本输入框创建的。例如：

```
<input type="text" id="user" name="user" value="Tom" />
```

表示单行输入标记创建的是单行文本输入框，提供给用户输入用户名或昵称。该文本输入框中，name 属性值为 user，id 属性值也定义为 user，value 属性值是文本输入框中的内容。当提交表单时，提交给服务器的数据是以 name=value 的"键-值"对的形式提交的。在上述代码中，value 属性的初始值为 Tom，如果用户在访问网页时，输入的实际值为 Ann，那么最终传递给服务器的数据就是 user=Ann，表示用户在"用户名"的文本输入框中输入的内容是 Ann。

6.1.4 密码输入框

密码输入框也是由单行输入标记<input>创建的，只是输入标记的类型为 password。这样创建的密码输入框中输入的内容以密文小圆点的形式显示，从而对数据进行保密。例如：

```
<input type="password" name="key" size="20" maxlength="6" />
```

表示该输入标记创建的表单元素是名称为 key 的密码输入框，其中 size 属性指定密码输入框的宽度为 20 个字符，maxlength 属性指定密码输入框允许用户最多输入 6 个字符。

文本输入框和密码输入框两种表单元素有很多相同的属性，常用属性如表 6-1 所示。

表 6-1　文本输入框和密码输入框的常用属性

属 性 名	说　　明
name	定义表单元素的名称
value	定义表单元素的默认文本值
disabled	定义表单元素被禁止使用，为失效状态
size	定义表单元素的宽度，单位是字符
maxlength	定义表单元素允许用户输入的最多字符数
readonly	定义表单元素为只读状态，不能输入或修改
placeholder	是 HTML5 的新增属性，用于描述表单元素中简短的提示信息

【例 6-2】制作"邮箱登录"

【例 6-2】制作"邮箱登录"

```
<!DOCTYPE html>
<html>
    <head>
        <meta charset="utf-8">
        <title>邮箱登录</title>
        <style type="text/css">
            .main{
                width: 260px;
                border: 1px solid #ccc;
                padding: 10px 20px;
                text-align: center;
                margin: auto;
            }
            ul{
                margin: 0px;
                padding: 0px;
                list-style: none;
            }
            li{
                width: 224px;
                margin: 10px;
            }
            input{
                width: 200px;
                padding:5px 10px;
                font-size: 16px;
            }
            #btn{
                width: 224px;
                padding: 5px 0px;
```

```
                    background-color:forestgreen;
                    border: none;
                    color: white;
                    font-weight: 600;
                    letter-spacing: 8px;
                    cursor: pointer;
                }
                a{
                    font-size: 13px;
                    color: #333;
                    text-decoration: none;
                }
                .lf{
                    float: left;
                }
                .rf{
                    float: right;
                }
                .clr::after{
                    content: "";
                    display: block;
                    clear: both;
                }
        </style>
    </head>
    <body>
        <form action="#" method="post">
            <div class="main">
                <ul>
                    <li><input type="text" id="" value="" placeholder="常用
邮箱" /></li>
                    <li><input type="password" id="" value="" placeholder="
请输入密码" /></li>
                    <li><input type="submit" id="btn" value="登录"/></li>
                    <li class="clr"><a href="#" class="lf">现在注册</a><a
href="#" class="rf">忘记密码? </a></li>
                </ul>
            </div>
        </form>
    </body>
</html>
```

运行效果如图 6-5 所示。其中文本输入框中的提示信息"常用邮箱"，密码输入框中的提示信息"请输入密码"，就是 placeholder 属性的作用。当用户在文本输入框中输入信息时，提示信息自动清除。

图 6-5　"邮箱登录"的效果

6.1.5　表单按钮

在表单中按钮有多种类型，如提交按钮、重置按钮、图像按钮和普通按钮等。在制作按钮时可以使用<input>标记，通过设置 type 属性创建 4 种类型的按钮，其中 type 属性值为submit 和 image 都是创建提交功能的按钮。此外，也可以使用<button>按钮标记，其中 type属性值有 submit、reset 和 button 3 种类型。在实际开发中，也经常使用超链接<a>或<div>标记等制作按钮，并且需要使用 CSS 将其美化修饰成按钮外观，使用 JavaScript 编程使其具有按钮的可操作功能。

1．提交按钮

<input type="submit" value="提交"/>，其中 type 属性值为 submit，用于将表单提交到服务器，即将表单内容发送给 <form action="#" method="post"> 中的 action 属性值指定的服务器端的地址或服务器端的程序来处理这张表单。value 属性值是按钮上显示的名称，如我们经常见到的"提交""发送""发布"或"注册"等都是根据按钮功能需要，给 value 属性赋的值。

2．重置按钮

<input type="reset" value="重置" />，其中 type 属性值为 reset，用于清空表单中用户已经填写的内容，把表单中所有元素的值恢复为初始的默认值，很像手机的恢复出厂设置。

3．图像按钮

<input type="image" src="img/图像名称.jpg" />，其中 type 属性值为 image，用于以美观的图像显示提交按钮，具有提交功能，src 属性值指定按钮使用图像的完整路径和图像的完整名称及扩展名。

4．普通按钮

<input type="button" value="按钮" />，其中 type 属性值为 button，用于创建可单击的按钮，按钮的具体功能需要通过编写 JavaScript 脚本代码来实现。

5．按钮标记

<button>，是双标记，是专门用于创建按钮的标记，具体的按钮类型通过标记中的 type属性决定，有 submit、reset 和 button 3 种类型值。使用<button>创建按钮，可以创建既带有图片，又带有文本的按钮。例如，<button type="submit"><img src="img/图像.jpg">提交

</button>，创建了一个具有提交功能的图像按钮，按钮上显示的文本为"提交"，这是应用了<input>标记创建按钮不具备的特点。

【例6-3】制作"会员登录"

```html
<!DOCTYPE html>
<html>
    <head>
        <meta charset="utf-8">
        <title>会员登录</title>
        <style type="text/css">
            form{
                width: 300px;
                background-color: #f5f5f5;
                padding: 10px 0px;
                text-align: center;
                margin: auto;
                border: 1px solid gray;
            }
            fieldset{
                width: 220px;
                border: 1px solid gray;
                margin: auto;
                margin-bottom: 10px;
                text-align: left;
                padding: 20px 15px;
            }
            button img{
                vertical-align: middle;
                margin-right: 3px;
            }
            input[type="reset"]{
                width: 64.6px;
                height: 26px;
            }
        </style>
    </head>
    <body>
        <form action="#" method="post">
            <fieldset id="">
                <legend>会员登录</legend>
                <div><label for="user">账 号：</label><input type="text" id="user" value="Tom" /></div>
                <div><label for="key">密码：</label><input type="password" id="key" value="" /></div>
            </fieldset>
            <button type="submit"><img src="img/right.jpg" >登录</button>
            <input type="reset" value="重置"/>
        </form>
```

```
    </body>
</html>
```

运行效果如图 6-6 所示。

图 6-6　"会员登录"的效果

代码中应用<button>标记创建登录按钮，使得按钮既可以显示图像，又可以显示文本内容。按钮中的图像与页面中普通图像的设置一样，可以进行各种修饰、定位。

6.1.6　单选按钮

<input type="radio" name="" id="" value=""/>，其中 type 属性值为 radio，用于一组选项中只能选一个的情况。作为一组选项，多个 input 的 name 属性值必须相同，这样才能实现一组选项中只能选择一个的单选效果。例如：

```
<form action="#" method="">
    <span>性别: </span>
    <input type="radio" name="sex" id="boy" value="" checked="checked"/>
<label for="boy">男</label>
    <input type="radio" name="sex" id="girl" value=""/><label for="girl">
女</label>
</form>
```

代码中，将 name 属性值都设置为 sex，从而使得性别为男或女，只能二选一。

在<input>标记中当 checked 属性值为 checked 时，设置该选项在页面加载时已被预先选定，如性别男，<input>标记中设置 checked="checked"，从而使得页面加载完后性别男已被默认选中。

运行效果如图 6-7 所示。

性别：　◉男　○女

6.1.7　复选框

图 6-7　单选的效果

<input type="checkbox" name="" id="" value="" />，其中 type 属性值为 checkbox，用于向用户提供一组选项，用户可以从中选择多个选项，或选中全部选项，或一个都不选。

【例 6-4】制作"调查问卷"

```
<!DOCTYPE html>
<html>
    <head>
        <meta charset="utf-8">
```

【例 6-4】制作"调查问卷"

```
    <title>调查问卷</title>
    <style type="text/css">
        form{
            width: 500px;
            border: 1px solid #CCCCCC;
            margin: auto;
        }
        h1{
            text-align: center;
            font-size: 24px;
        }
        fieldset {
            width: 400px;
            border: none;
            margin: 10px;
            color: #808080;
            padding: 15px 0px;
        }
        legend{
            color: #333333;
        }
        label{
            margin-right: 10px;
        }
        #btn{
            display: block;
            margin:10px auto;
        }
    </style>
</head>
<body>
    <form action="#" method="">
        <h1>调查问卷</h1>
        <fieldset>
            <legend>1. 性别: </legend>
            <input type="radio" name="sex" id="boy" value=""/><label
for="boy">男</label>
            <input type="radio" name="sex" id="girl" value="" /><label
for="girl">女</label>
        </fieldset>
        <fieldset>
            <legend>2. 教育程度: </legend>
            <input type="radio" name="grade" id="g1" value="" /><label
for="g1">高中</label>
            <input type="radio" name="grade" id="g2" value="" /><label
for="g2">大学</label>
            <input type="radio" name="grade" id="g3" value="" /><label
for="g3">研究生</label>
```

```
                <input type="radio" name="grade" id="g4" value="" /><label
for="g4">博士及以上</label>
                </fieldset>
                <fieldset>
                <legend>3．特长爱好:</legend>
                <input type="checkbox" name="enjoy" id="sing" value="" checked=
"checked" /><label for="sing">唱歌</label>
                <input type="checkbox" name="enjoy" id="dance" value="" />
<label for="dance">跳舞</label>
                <input type="checkbox" name="enjoy" id="swim" value="" />
<label for="swim">游泳</label>
                <input type="checkbox" name="enjoy" id="handwriting" value=""
/><label for="handwriting">书法</label>
                </fieldset>
                <button type="submit" id="btn">提交问卷</button>
            </form>
        </body>
</html>
```

运行效果如图 6-8 所示。

图 6-8 "调查问卷"的效果

对于复选的一组选项，也要将复选框中的 name 属性值设置为相同的，这样就会形成一组复选框。复选框和单选按钮都具有 checked 属性，用来设置初始状态时是否被选中。在上述代码中，"唱歌"复选框，设置了 checked 属性，属性值为 checked，在页面加载完后，该选项就已被默认选中。

在上述调查问卷中，每个问题中都用<fieldset>标记和<legend>标记设置，这也是实际开发中常用的处理方式。

6.1.8　文件上传域

<input type="file" name="" multiple="multiple"/>，其中 type 属性值为 file，用于浏览器通过表单向服务器上传文件。例如，我们通常发送电子邮件时上传附件的操作，或更换 QQ 头像时在本地计算机上选择图像的操作。当用户单击"选择文件"按钮时，弹出"打

开"文件的对话框，允许用户选择要上传的本地文件。其中，multiple 属性值设置为 multiple 时，允许用户同时选择多个文件。在同时选择多个文件时，可以应用 Windows 操作系统选择多个文件的操作方法。例如，按住 Shift 键单击连续区域内的多个文件；按住 Ctrl 键逐个单击要被选择的文件，选择不连续的多个文件；按住 Ctrl+A 组合键选择全部文件等操作。代码如下：

```
<form action="#" method="">
    <span>上传附件: </span>
    <input type="file" name="" multiple="multiple"/>
</form>
```

运行效果如图 6-9 所示。

图 6-9　文件上传域的效果

6.1.9　任务实施

实施制作"新闻网"新用户注册页面上半部分的基本信息区任务，具体操作步骤如下。

（1）创建 register.html 网页文件，HTML 程序代码如下：

```
<!DOCTYPE html>
<html>
    <head>
        <meta charset="UTF-8">
        <title>会员注册页</title>
        <link rel="stylesheet" type="text/css" href="css/register.css" />
    </head>
    <body>
        <div id="main">
            <h2>欢迎注册新闻网用户</h2>
            <div class="left">
                <!--左侧图像使用背景图技术-->
```

```
                </div>
                <div class="right">
                    <form action="#" method="post">
                        <div class="info">
                            <span class=infoLeft>昵  称</span>
                            <input type="text" id="user" placeholder="4～16 个字
符，以中文或英文字母开头" />
                        </div>
                        <div class="info">
                            <span class=infoLeft>邮  箱</span>
                            <input type="email" id="email" />
                        </div>
                        <div class="info">
                            <span class=infoLeft>设置密码</span>
                            <input type="password" id="key" value="" />
                        </div>
                        <div class="info">
                            <span class=infoLeft>确认密码</span>
                            <input type="password" id="keyagain" value="" />
                        </div>
                        <div class="info">
                            <span class=infoLeft>性  别</span>
                            <input type="radio" name="sex" id="boy" value=""
checked="checked" /><label for="boy">男</label>
                            <input type="radio" name="sex" id="girl" value="" />
<label for="girl">女</label>
                        </div>
                        <div class="info">
                            <span class=infoLeft>手机号码</span>
                            <input type="tel" id="tel" placeholder="请输入 11 位
号码" />
                        </div>
                    </form>
                </div>
            </div>
        </body>
    </html>
```

（2）创建 register.css 样式文件，CSS 程序代码如下：

```
body {
    margin: 0px auto;
    background-color: #F5F5F5;
}
#main {
    width: 980px;
    height: 900px;
    margin: 100px auto 0px;
    font-family: "微软雅黑";
```

```
        background-color: white;
    }
#main h2 {
    height: 60px;
    border-bottom: 1px solid lightgrey;
    padding-left: 20px;
    line-height: 60px;
    border-bottom: 1px solid #E3E3E3;
    margin: 0px;
    font-weight: normal;
    }
.left {
    float: left;
    width: 300px;
    height: 838px;
    border-right: 1px solid #E3E3E3;
    background-color: white;
    background-image: url(…/img/mickey.jpg);
    background-repeat: no-repeat;
    background-position: center 10px;
    }
.right {
    float: right;
    width: 678px;
    height: 780px;
    padding-top: 50px;
    background-color: white;
    }
.info {
    width: 400px;
    height: 40px;
    margin-left: 100px;
    margin-bottom: 5px;
    }
.infoLeft {
    display: inline-block;
    width: 90px;
    height: 30px;
    margin-top: 5px;
    margin-right: 10px;
    text-align: right;
    font-size: 18px;
    text-align: right;
    background-color: pink;
    }
.info input[type="text"],
.info input[type="password"],
.info input[type="email"],
```

```
.info input[type="tel"] {
    width: 280px;
    height: 30px;
    font-family: "微软雅黑";
    font-size: 16px;
    color: #4D4F53;
}
```

在上述代码中，.info input[type="text"],.info input[type="password"]包含了复杂的 CSS 语法。其中，"."表示先选取多个元素，然后统一定义相同样式，CSS 中多个元素的选取，之间用","间隔；input[type="text"] 表示在 input 标记中过滤 type 属性值为 text 的元素。这样区域中类型为 text 单行文本类型的 input 就都会被选择出来，进行统一样式定义，这种选择方式，被称为属性过滤选择。

6.2　任务 2：制作信息收集区

6.2 任务 2：制作信息收集区

【任务描述】

本任务主要实现"新闻网"的会员注册页中信息收集区中下拉列表框的设置和修饰，以及各种类型按钮的灵活应用和修饰，运行效果如图 6-10 所示。

6.2.1　多行文本域

图 6-10　会员注册页中信息收集区的效果

<textarea rows="5" cols="40"> </textarea>，是双标记，用于让用户输入多行文本。其中，属性 rows 定义文本输入区域的高度（或行数）；属性 cols 定义文本输入区域的宽度，即每行可容纳的字符个数。上述代码中创建了一个 5 行、每行 40 个字符的多行文本输入区域。当用户输入的字数超出 5×40=200 个字符（1 个汉字占 2 个字符）时，则文本输入框中自动出现垂直滚动条。通常在 CSS 中定义 textarea 的 width 属性和 height 属性，设置多行文本域的大小。

【例 6-5】制作网站的用户评论区

【例 6-5】制作网站的用户评论区

```
<!DOCTYPE html>
<html>
    <head>
        <meta charset="utf-8" />
        <title>用户评论区</title>
        <style type="text/css">
            form{
                width: 370px;
                background-color: #FCFCFB;
                padding: 15px;
            }
            .info{
                padding: 3px;
            }
```

```
            textarea{
                width: 360px;
                height: 100px;
            }
            button{
                width: 110px;
                padding: 8px 0px;
                float: right;
                background-color: #E1E1E1;
                border: none;
                border-radius: 4px;
                /*设置边框圆角效果*/
            }
            .clr::after{
                content: "";
                display: block;
                clear: both;
            }
        </style>
    </head>
    <body>
        <form action="#" method="">
            <div class="info"><span>我有话说……</span></div>
            <div class="info"><textarea placeholder="请输入评论"></textarea>
</div>
            <div class="info clr"><button type="submit">发布</button></div>
        </form>
    </body>
</html>
```

图 6-11　用户评论区的效果

运行效果如图 6-11 所示。

在图 6-11 中，"发布"按钮在区域中靠右对齐，这里通过对<button>设置向右浮动实现。根据盒子的浮动原理可以知道，当一个子元素浮动后，脱离标准流，其他元素当它不存在，从而会对其他元素造成结构影响，故对其父元素设置清除浮动，从而消除因为子元素浮动造成的结构破坏，所以代码中对<button>外层的父元素< div class="info">应用定义好的清除浮动 clr 样式。

6.2.2　下拉列表框

<select>标记是双标记，用于创建下拉列表框，下拉列表框中的选项是由<option>标记逐条创建的。

【例 6-6】创建下拉列表框

```
<!DOCTYPE html>
<html>
    <head>
        <meta charset="utf-8" />
        <title>下拉列表框</title>
```

【例 6-6】创建下拉列表框

```
        <style type="text/css">
            select{
                width: 80px;
            }
        </style>
    </head>
    <body>
        <form action="#" method="">
            <span>城市：</span>
            <select name="city">
                <option value="beijing" selected="selected">北京</option>
                <option value="shanghai">上海</option>
                <option value="chengdu">成都</option>
                <option value="jinan">济南</option>
            </select>
        </form>
    </body>
</html>
```

运行效果如图 6-12 所示。

在上述代码中，通过<select>标记创建了选择城市的下拉列表框，通过<option>标记创建了北京、上海、成都和济南 4 个选项。

1．<select>标记常用的属性

（1）size：如果在<select>标记中设置了 size 属性，如<select name="city" size="3">，此时下拉列表框则变成列表框，列表框没有右侧的下拉箭头，选项直接陈列出来，而不需要单击下拉箭头才展开列表框。如果定义的<option>选项个数多于 size 属性值，那么列表框中展示的选项个数与 size 属性值相同，列表框自动出现垂直滚动条。

（2）multiple：在<select name="city" size="3" multiple="multiple">中，multiple 属性值为multiple，允许用户可以同时选择多个选项。在<select>标记中如果设置了 multiple 属性值，即便没有设置 size 属性值，下拉列表框也将变为列表框，如图 6-13 所示。

图 6-12　下拉列表框的效果　　　　　　　　图 6-13　列表框的多选的效果

（3）disabled：在<select name="city" disabled="disabled">中，设置下拉列表框为禁用状态，使其失效。其属性值设置为 disabled 或 true 或只写属性名均可。

2．<option>标记常用的属性

（1）value：设置选项的属性值。当提交表单时，被选中的<option>标记的 value 属性值将与<select>标记中的 name 属性值作为"键-值"对一起发送到服务器。例如，在例 6-6 中，在"城市"下拉列表框中，选中了选项"北京"，则 city=beijing，被发送到服务器，表示用户在"城市"下拉列表框中，选择了"北京"选项。

（2）disabled：设置下拉列表框中当前选项为禁用状态，即该选项不可选。

（3）selected：在下拉列表框中，将某一个选项预先设置为默认选中状态。例如，<select name="city"><option value="beijing" selected="selected">北京</option> …</select>，则在下拉列表框中，页面加载完毕后，"北京"选项已预先被设置为选中状态。

6.2.3 任务实施

实现"新闻网"会员注册页信息收集区任务的步骤如下所示。

（1）在 register.html 文件中的"手机号码"所在<div>标记的下方，继续添加程序代码如下：

```
<div class="info">
    <div class=infoLeft>城  市</div>
    <select name="city">
        <option value="citys">请选择城市</option>
        <option value="jinan">济南</option>
        <option value="beijing">北京</option>
        <option value="shanghai">上海</option>
        <option value="qingdao">青岛</option>
    </select>
</div>
<div class="info">
    <div class=infoLeft>出生日期</div>
    <select name="year">
        <option value="year">年</option>
        <option value="1997">1997</option>
        <option value="1998">1998</option>
        <option value="1999">1999</option>
    </select>
    <select>
        <option value="month">月</option>
        <option value="01">1 月</option>
        <option value="02">2 月</option>
        <option value="03">3 月</option>
    </select>
    <select>
        <option value="day">日</option>
        <option value="01">01 日</option>
        <option value="02">02 日</option>
        <option value="03">03 日</option>
    </select>
</div>
<div class="info">
    <div class=infoLeft>验证码</div>
    <input type="button" id="btn" value="点击获取验证码" />
</div>
```

对于下拉列表框中年、月、日和城市等诸多选项的创建，在本案例中，每个下拉列表框中暂且罗列 3 条选项进行练习。实际中如果选项数目繁多，可以使用 JavaScript 或 jQuery 制作。

（2）在 register.css 文件中，继续添加样式程序代码如下：

```css
select {
    font-family: "微软雅黑";
    font-size: 18px;
    color: #4D4F53;
}
.info input[type="button"] {
    width: 140px;
    height: 40px;
    background-color: #E3E3E3;
    color: gray;
    font-family: "微软雅黑";
    font-size: 16px;
    border: none;
    border: 1px solid #4D4F53
}
```

6.3　任务 3：制作法律条款区

6.3　任务 3：制作法律条款区

【任务描述】

本任务最终实现"新闻网"中新用户注册页面下半部分法律条款区的制作。通过学习本任务，使学习者掌握在制作法律条款部分时对浮动框架标记的使用和按钮的动态效果处理。页面运行效果如图 6-14 所示。

6.3.1　浮动框架标记

浮动框架标记<iframe>，用于创建包含另外一个网页文档的内联框架（也称行内框架），也就是在一个浏览器窗口中同时显示多个网页文档，如"法律条款"

图 6-14　会员注册页中法律条款区的效果

区域的窗口效果。法律条款是一张完整的网页，嵌入当前会员注册网页中，也就是在会员注册网页中，根据需要创建一个窗口（区域）显示法律条款网页。语法代码如下所示：

```html
<iframe src="demo1.html" width="300px" height="150px" ></iframe>
```

其中，src 属性值指定了要在当前 iframe 框架中显示的子页面的完整路径。width 属性值和 height 属性值定义了子窗口（区域）的大小。此外，还可以设置 scrolling 属性，表示是否显示滚动条，属性值有 yes、no 和 auto。

图 6-15 中，在一篇文章中的某处，又创建了一个窗口，用来显示一个长篇的网页文件，这个新创建的浮动窗口，拥有自己的窗口滚动条，可以在指定区域中进行文档浏览。这样可以加强网页的可视性，且十分适合讲解、说明、引用等特定网页。

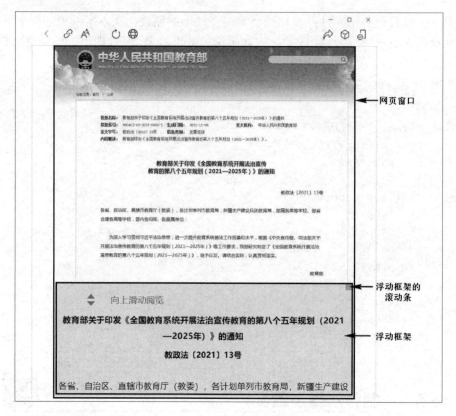

图 6-15　浮动框架的页面效果

6.3.2　任务实施

实现"新闻网"中新用户注册页面完整的 HTML 代码结构如图 6-16 所示。

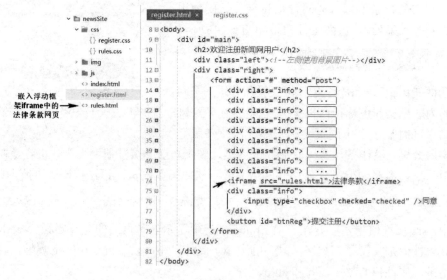

图 6-16　法律条款区的代码结构的效果

（1）首先将准备好的法律条款网页文件 rules.html 保存到网站项目文件夹 newsSite 中，然后完成浮动框架和复选框的制作。代码如下：

```
<iframe src="rules.html">法律条款</iframe>
<div class="info">
<input type="checkbox" id="agree" value="" checked="checked" /> 我已阅读并同意
</div>
```

（2）创建提交注册按钮<button>。代码如下：

```
<button type="submit" id="submit">提交注册</button>
```

（3）在 register.css 样式文件中继续添加代码，定义浮动框架和提交注册按钮的样式。代码如下：

```
iframe {
    width: 400px;
    height: 150px;
    margin-left: 100px;
    margin-bottom: 10px;
}
button {
    width: 400px;
    height: 50px;
    background-color: #0C8FED;
    color: white;
    border: 0px;
    margin: 20px 100px;
    border-radius: 4px;
    font-family: "微软雅黑";
    font-size: 24px;
    letter-spacing: 2px;
}
button:hover {
    background-color: #0068d0;
    cursor: pointer;
}
```

在程序代码中，用"万物皆盒子"的思想，对标记<iframe>进行样式定义即可。定义 button 按钮的伪类 hover，当光标悬浮在按钮上时，变化按钮样式，使得按钮更加生动。其中，cursor 属性定义光标的样式，常见的属性值有 pointer、wait 和 help 等。当属性值为 pointer 时，光标呈现小手的样式；当属性值为 wait 时，光标呈现等待小沙漏的样式；当属性值为 help 时，光标带着问号，呈现帮助的样式。

6.4　知识进阶

HTML5 是最新的 HTML 标准，是专门为承载丰富的 Web 内容而设计的，不需要额外插件，HTML5 较之前的版本增加了新的语义、图形及多媒体元素。

1. HTML5 新增的输入类型和属性

在 HTML 表单中，<input>是最重要的表单元素，根据 type 属性值的不同，分为文本输入框、密码输入框、单选按钮、复选框、提交/重置按钮等。在 HTML5 表单中，增加了多个新的表单输入类型和属性。通过使用这些新增类型和新增属性，可以更好地输入控制和验证。

在 HTML5 中新增的输入类型如表 6-2 所示。

表 6-2　HTML5 中新增的输入类型

新增的输入类型	说　明
<input type="url"/>	用来输入网址的输入框，在提交表单时，会自动验证输入的内容是否为正确的 http://www.网站格式，如果不正确则提醒，且不提交表单
<input type="email"/>	用来输入 email 地址的输入框，在提交表单时，会自动验证输入的内容是否是正确的邮箱格式，如果不正确，则不提交表单
<input type="number"/>	用来输入数字的输入框，可以设置输入值的 min 和 max 的取值范围和 step 的步长等，如果用户输入的不是数字或输入的数字不在取值范围内，则不能输入
<input type="range"/>	显示为滑动条，用于指定一个在给定范围内的数值
<input type="date"/>	可以选择年、月、日的日期的输入框
<input type="search"/>	用来搜索关键字的输入框，输入框中自带清空按钮
<input type="tel"/>	专门用于输入电话号码的输入框
<input type="color"/>	专门用于设置颜色的输入框

在 HTML5 中新增的输入属性如表 6-3 所示。

表 6-3　HTML5 中新增的输入属性

新增的输入属性	说　明
autofocus	指定页面加载后，输入框是否自动获取焦点，如果是，则光标自动定位在该输入框中并等待用户操作
placeholder	为<input>标记的输入框提供简短的提示
required	规定输入框中填写的内容不能为空，指定为必填项
autocomplete	可以设置此项表单元素自动完成填写功能
min,max,step	对于数值型的输入框可以设置数值的最小值、最大值和步长
formnovalidate	规定在提交表单时不验证该<input>标记的输入框中内容的有效性
list,datalist	list 属性与<datalist>标记联合使用，list 属性引用数据列表，包含输入字段的预定义选项

【例 6-7】制作计算机扬声器的音量调节

【例 6-7】制作计算机扬声器的音量调节

```
<!DOCTYPE html>
<html>
    <head>
        <meta charset="utf-8">
        <title>制作扬声器的音量调节</title>
        <style type="text/css">
            .main{
                width: 450px;
                background-color: #3A3A3A;
```

```
                color: white;
                padding: 20px;
            }
            h1{
                font-size: 20px;
                font-weight: 500;
                margin: 0px;
                margin-bottom: 20px;
            }
            img{
                vertical-align: middle;
            }
            input{
                width: 310px;
                vertical-align: middle;
                margin: 0px 15px;
            }
            output{
                font-size: 30px;
                vertical-align: middle;
            }
        </style>
    </head>
    <body>
        <form action="#" method="" oninput="output.value=parseInt(range.value)">
            <div class="main">
                <h1>扬声器</h1>
                <div class="control">
                    <img src="img/sound.jpg" >
                    <input type="range" name="" id="range" value="76" min="0"
max="100" />
                    <output id="output" for="range">76</output>
                </div>
            </div>
        </form>
    </body>
</html>
```

运行效果如图 6-17 所示。

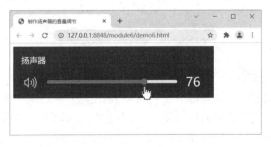

图 6-17　扬声器的音量调节的效果

案例中，使用了<input>标记新增的输入类型 range，用于控制滚动条滑块的可调节范围。在不同浏览器中，range 的外观略有不同。在程序中，设置了 range 的滑块取值范围最小为 0，最大为 100，页面加载时的初始值为 76。

同时，上述案例中应用了<output>标记，它是 HTML5 新增的标记，用于显示输出。<output>标记可以显示计算结果和脚本输出等，在这里用来同步显示 range 滑块的当前值。当用户按住鼠标左键拖动滑块时，<output>标记同步显示滑块值的变化。这里设置了<output>标记的 for 属性值，与 range 的 id 属性值绑定。

为实现<output>标记与 range 的同步变化，在<form>标记中定义了 oninput 事件属性。它可以实现拖到滑块时，<output>标记同步显示当前值的功能。其中 output.value 设置<output>标记显示的当前值，range.value 读取滑块的当前值，parseInt()方法用于将数据类型强制转换为整型数据类型。

2．HTML5 新增的表单标记

1）<datalist>标记

<datalist>标记用于定义<input type="text">文本输入框的数据列表，即<datalist>标记与<input type="text">文本输入框构成组合元素，既可以在文本输入框中输入内容，又可以在数据列表中选择选项。选项通过<datalist>标记内的<option>标记逐条创建。<input type="text" list="datalistId">，通过 list 属性引用<datalist>标记的 id 属性值，将二者绑定在一起构成组合元素。

【例 6-8】创建数据列表

【例 6-8】创建数据列表

```html
<!DOCTYPE html>
<html>
    <head>
        <meta charset="utf-8">
        <title>创建 datalist 数据列表</title>
    </head>
    <body>
        <form action="#" method="post">
            <label>所属学院：</label>
            <input type="text" id="" value="" list="school"/>
            <datalist id="school">
                <option value ="计算机与软件工程"></option>
                <option value ="电子与通信工程"></option>
                <option value ="商务管理"></option>
            </datalist>
        </form>
    </body>
</html>
```

运行效果如图 6-18 所示。

当用户在文本输入框中定位光标时，将自动弹出文本输入框下方的数据列表。用户既可以直接在数据列表中选择需要的选项，又可以直接在文本输入框中使用键盘输入数据。需要注意的是，<input>标记的 list 属性值一定要设置为<datalist>标记的 id 属性值，才能将二者绑定在一起。

2）<meter>标记

<meter>标记在 HTML5 中用于定义度量值，仅用于已知最大值和最小值的度量。比如，手机电池的电量显示和汽车油箱油量的计量表，都表示在一定度量范围内的当前度量值。

【例 6-9】创建度量标记

图 6-18　数据列表的效果

【例 6-9】创建度量标记

```
<!DOCTYPE html>
<html>
    <head>
        <meta charset="utf-8">
        <title>创建 meter 度量标记</title>
        <style type="text/css">
            body {
                margin: 0px auto;
            }
            .info {
                border: 1px solid black;
                width: 260px;
                text-align: center;
                padding: 10px;
                margin:10px auto;
                background-color: #F5F5F5;
            }
            meter {
                width: 200px;
                height: 20px;
            }
            ::-webkit-meter-bar {
                width: 200px;
                height: 20px;
                border: 1px solid gray;
                background-color: #ccc;
            }
            output {
                display: block;
                margin-top: 10px;
                color: blue;
                font-size: 18px;
            }
            label {
                font-size: 20px;
            }
            #btn {
                display: block;
                width: 280px;
                background-color: #2829f0;
```

```
            color: white;
            border: none;
            padding: 5px 0px;
            margin: 30px auto;
        }
    </style>
</head>
<body>
    <form action="#" method="post">
        <div class="info">
            <label>0</label>
            <meter min="0" max="100" value="75" low="20" high="80"></meter>
            <label>100</label>
            <output>当前值：75</output>
        </div>
        <button type="submit" id="btn">完成操作</button>
    </form>
</body>
</html>
```

运行效果如图 6-19 所示。

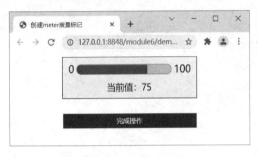

图 6-19　meter 度量标记的效果

在程序代码中，<meter min="0" max="100" value="75" low="20" high="80"></meter>表示在最小值为 0，最大值为 100 的度量范围内，初始值为 75；low 属性值定义为 20，表示指定度量值为 20 时，被界定为低的警戒值；high 属性值定义为 80，表示指定度量值为 80 时，被界定为高的警戒值，如手机电量为 20%时，电量显示为红色，警示电量偏低。可以通过使用脚本编程等方式，控制当前度量显示值与<meter>标记显示刻度同步变化。

3）<progress>标记

<progress>标记显示为进度条，用于定义一个事物运行中进度（过程）的动态变化。例如，安装软件时的安装进度，下载文件时的下载完成进度等。

【例 6-10】制作"学生档案"

【例 6-10】制作"学生档案"

```
<!DOCTYPE html>
<html lang="en">
    <head>
        <meta charset="UTF-8">
        <title>学生档案</title>
        <link rel="stylesheet" href="css/demo10.css">
    </head>
    <body>
        <fieldset>
            <legend>学生档案</legend>
            <form action="#" oninput="meter.value=parseInt(score.value)">
```

```
<div class="info">
    <label for="user">姓名：</label>
    <input type="text" name="user" id="user" autofocus required
placeholder="请输入姓名">
    <span><b class="red">*</b>必填</span>
</div>
<div class="info">
    <label for="tel">手机号码：</label>
    <input type="tel" name="tel" id="tel" required placeholder=
"请输入手机号码">
    <span><b class="red">*</b>必填</span>
</div>
<div class="info">
    <label for="email">邮箱地址：</label>
    <input type="email" name="email" id="email" placeholder=
"请输入邮箱地址">
</div>
<div class="info">
    <label for="schooltxt">所属学院：</label>
    <input type="text" name="schooltxt" id="schooltxt" list=
"school" placeholder="请输入所属学院">
    <datalist id="school">
        <option value="前端与移动开发">前端与移动开发</option>
        <option value="计算机与软件工程">计算机与软件工程</option>
        <option value="电子信息">电子信息</option>
    </datalist>
</div>
<div class="info">
    <label for="score">入学成绩：</label>
    <input type="number" name="score" id="score" min="0"
max="100" value="60">
</div>
<div class="info">
    <label for="meter">基础水平：</label>
    <meter value="60" min="0" max="100" low="60" high="85"
id="meter">水平</meter>
</div>
<div class="info">
    <label for="date">入学时间：</label>
    <input type="date" name="date" id="date">
</div>
<div class="info">
    <label for="course">课程进度：</label>
    <progress value="30" min="0" max="100" id="course">
</progress>
</div>
<div class="info">
    <input class="btn" type="submit" id="btn" value="保存">
```

```
            </div>
         </form>
      </fieldset>
   </body>
</html>
```

其中 demo10.css 样式文件代码如下：

```css
fieldset{
    width: 400px;
    padding: 15px;
}
fieldset legend{
    font: normal 700 24px "微软雅黑";
}
.info{
    width: 100%;
    /* background-color: #f0d3d3; */
    margin: 10px;
}
.info label{
    display: inline-block;
    width: 80px;
    text-align: right;
    font-size: 16px;
}
.red{
    color: red;
}
.info span{
    font: normal normal 12px/20px "宋体";
}
.info .btn{
    width: 345px;
    background-color: green;
    color:#fff;
    outline:none;
    height: 40px;
    border:0;
    cursor: pointer;
}
.info meter,.info progress{
    width: 260px;
    height: 30px;
}
input{
    width: 260px;
    padding: 6px 10px;
    color: #333;
```

```
    border: 1px solid #cccccc;
    box-sizing: border-box;
}
```

页面运行效果如图 6-20 所示。

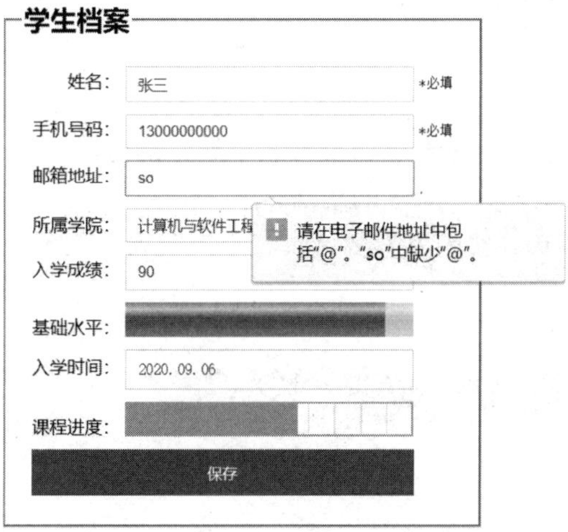

图 6-20　"学生档案"的效果

在程序代码中，通过在<form>标记中定义 oninput 事件属性值，设置了"入学成绩"<input type="number">的属性值与"基础水平"<meter>的当前度量值同步变化的功能。"课程进度"采用<progress>标记，模拟表示课程进度在整个学期中的进度变化，<progress>标记的进度最大值定义为 100，当前进度为 55。另外，本案例充分应用 HTML5 新增的输入类型、输入属性，提高了表单的验证能力。

6.5　小结

本模块学习了表单在网页中的使用，学习了常用的表单元素，如文本输入框、密码输入框、单选按钮、复选框，多行文本域、下拉列表框和浮动框架等，具体内容如下。

1．表单主要用于接收用户的输入，收集用户信息等。HTML 中使用表单创建具有交互功能的网页。

2．创建表单的标记是<form>，在表单开始标记<form>和表单结束标记</form>之间，限定了表单数据的范围。

3．表单中辅助标记必不可少，<fieldset>标记用于组合表单中的相关数据，<legend>标记用于为<fieldset>标记定义标题，<label>标记用于展示静态提示信息。

4．单行输入标记<input>是表单中最重要、应用最广泛的一个表单元素，主要用于收集用户输入信息。<input>标记具体为哪一种类型的输入标记，取决于 type 属性值。

5．HTML 中常用的输入标记有文本输入框、密码输入框、单选按钮、复选框、提交按钮、重置按钮等。

6. HTML 中常用的表单标记有多行文本域、下拉列表框等，HTML5 中新增了数据列表、度量值、进度条等表单标记，极大地丰富了表单的功能。

7．浮动框架标记，即在网页中创建包含另外一个网页文档的内联框架，也就是在一个浏览器窗口中同时显示多个网页文档。

6.6 实训任务

【实训目的】

1．理解表单概念，掌握创建表单和设置表单属性的方法；
2．掌握常用的表单元素及其属性的用法；
3．熟练使用 CSS 样式美化表单外观，设置不同的表单效果。

【实训内容】

实训任务 1：制作班级网站的调查问卷

【任务描述】

制作班级网站中"大学生对食堂要求的问卷调查"，并设置问卷中各个元素的不同样式。问卷中包含单选按钮、复选框、文本输入框和提交按钮等，页面效果如图 6-21 所示。

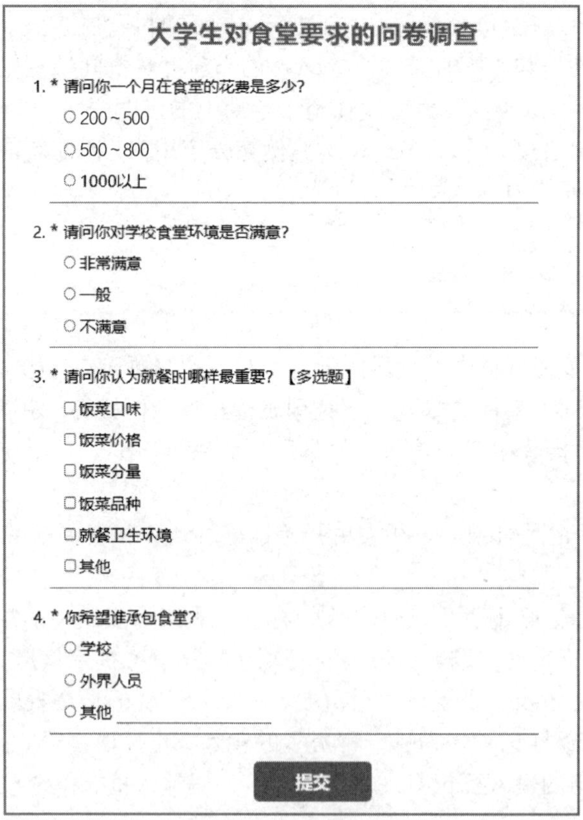

图 6-21 调查问卷的效果

【实训任务指导】

1．使用有序列表<ol>定义问卷中的 4 个问题。

2．应用单选按钮、复选框、文本输入框和按钮等元素制作表单。

3．使用<li>标记的 border-bottom 设置 4 个问题的分隔线，掌握表单中各种按钮的制作。

任务 1 实现的主要代码如下。

其中 HTML 文件代码如下：

```html
<!DOCTYPE html>
<html>
    <head>
        <meta charset="utf-8" />
        <title>大学生对食堂要求的问卷调查</title>
        <link rel="stylesheet" type="text/css" href="css/exe61.css" />
    </head>
    <body>
            <!--问卷调查开始-->
            <div id="question">
                <form action="#" method="post">
                    <h2>大学生对食堂要求的问卷调查</h2>
                    <ol>
                        <li><span class="star">*</span>请问你一个月在食堂的花费是多少?
                            <label><input type="radio" name="q1" id="q11" value="" />200～500</label>
                            <label><input type="radio" name="q1" id="q12" value="" />500～800</label>
                            <label><input type="radio" name="q1" id="q13" value="" />1000 以上</label>
                        </li>
                        <li><span class="star">*</span>请问你对学校食堂环境是否满意?
                            <label><input type="radio" name="q2" id="q21" value="" />非常满意</label>
                            <label><input type="radio" name="q2" id="q22" value="" />一般</label>
                            <label><input type="radio" name="q2" id="q23" value="" />不满意</label>
                        </li>
                        <li><span class="star">*</span>请问你认为就餐时哪样最重要? <span>【多选题】</span>
                            <label><input type="checkbox" name="q3" id="q31" value="" />饭菜口味</label>
                            <label><input type="checkbox" name="q3" id="q32" value="" />饭菜价格</label>
                            <label><input type="checkbox" name="q3" id="q33"
```

```
value="" />饭菜分量</label>
                                        <label><input type="checkbox" name="q3" id="q34"
value="" />饭菜品种</label>
                                        <label><input type="checkbox" name="q3" id="q35"
value="" />就餐卫生环境</label>
                                        <label><input type="checkbox" name="q3" id="q36"
value="" />其他</label>
                                    </li>
                                    <li><span class="star">*</span>你希望谁承包食堂？
                                        <label><input type="radio" name="q4" id="q41"
value="" />学校</label>
                                        <label><input type="radio" name="q4" id="q42"
value="" />外界人员</label>
                                        <label><input type="radio" name="q4" id="q43"
value="" />其他 <input type="text" id="txt" /> </label>
                                    </li>
                                </ol>
                            </form>
                            <div id="btn">
                                <button>提交</button>
                            </div>
                        </div>
                        <!--问卷调查结束-->
                </body>
            </html>
```

其中 exe61.css 文件代码如下：

```
#question{
    width: 800px;
    /*border: 1px solid blue;*/
    text-align: left;
    margin: 0px auto;
}
#question h2{
    margin: 0px auto;
    width: 500px;
    height: 40px;
    text-align: center;
    /*border: 1px solid blue;*/
    font-size: 24px;
    font-weight: bold;
    color: dodgerblue;
    font-family: "微软雅黑";
    letter-spacing: 2px;
}
#question ol{
    width: 500px;
```

```
        margin-left: 10px;
        font-size: 16px;
}
#question ol li{
        margin-bottom: 15px;
        border-bottom: 1px solid grey;
}
#question ol label{
        display: block;
        margin: 10px;
}
#question span{
        color: blue;
}
#question .star{
        color: red;
        font-size: 18px;
        font-weight: bold;
        margin-right: 5px;
}
#question form{
        margin:auto;
        width: 80%;
        /*background-color: powderblue;*/
}
#btn{
        text-align: center;
}
button{
        width: 120px;
        height: 40px;
        background-color: dodgerblue;
        color: white;
        border: 0px;
        margin: 10px auto;
        font-size: 18px;
        font-family: "微软雅黑";
        font-weight: bold;
        border-radius: 6px;
}
button:hover{
        background-color: blue;
}
#question input[type="text"]{
        border: none;
        border-bottom: 1px solid gray;
}
```

实训任务 2：制作班级网站的邮箱注册页面

【任务描述】

制作班级网站中邮箱注册页面，熟练创建表单元素，并设置表单元素的样式，灵活应用表格技术设置页面结构，页面效果如图 6-22 所示。

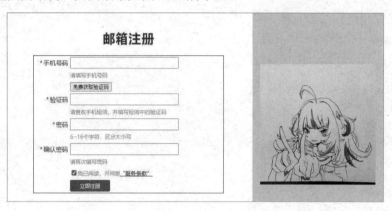

图 6-22　邮箱注册页面的效果

【实训任务指导】

1．整体使用 DIV+CSS 布局页面的左右结构，左侧使用表格\<table\>创建 11 行 2 列的表单布局结构，右侧使用背景图技术显示图像。

2．通过跨行合并 rowspan 属性和跨列合并 colspan 属性，调整表格的行列结构。

3．使用 CSS 为文本输入框、密码输入框、复选框、按钮等表单元素设置各自的样式。

任务 2 实现的主要代码如下。

其中 HTML 文件代码如下：

```
<!DOCTYPE html>
<html>
    <head>
        <meta charset="UTF-8">
        <title>注册班级邮箱</title>
        <link rel="stylesheet" type="text/css" href="css/exe62.css" />
    </head>
    <body>
        <div class="content">
            <form action="#" method="post">
                <h1>邮箱注册</h1>
                <table>
                    <tr><td><span>*</span>手机号码</td><td><input type="text"
id="" value="" /></td></tr>
                    <tr><td> </td><td class="info">请填写手机号码</td>
</tr>
                    <tr><td> </td><td class="info"><button>免费获取验证
码</button></td></tr>
```

```
                        <tr><td><span>*</span>验证码</td><td><input type="text"
id="" value="" /></td></tr>
                        <tr><td> </td><td class="info">请查收手机短信，并填写
短信中的验证码</td></tr>
                        <tr><td><span>*</span>密码</td><td><input type="password"
id="" value="" /></td></tr>
                        <tr><td> </td><td class="info">6～16 个字符，区分大
小写</td></tr>
                        <tr><td><span>*</span>确认密码</td><td><input type="password"
id="" value="" /></td></tr>
                        <tr><td> </td><td class="info">请再次填写密码</td>
</tr>
                        <tr><td> </td><td class="info"><input type="checkbox"
name="agree" id="agree" value="" checked="checked"/><label for= "agree">我已阅
读，并同意<a href="#">&ldquo; 服务条款 &rdquo;</a></label></td></tr>
                        <tr><td> </td><td class="info"><button id="register">
立即注册</button></td></tr>
                    </table>
                </form>
            </div>
        </body>
    </html>
```

其中 exe62.css 文件代码如下：

```
body{
    margin: 0px auto;
}
.content{
    width: 980px;
    border: 1px solid gray;
    margin: 0px auto;
    background: url(.../img/girl.jpg) no-repeat 97% 75%;
    background-color: #D5CCC3;
}
form{
    width: 600px;
    padding: 20px;
    background-color: white;
}
h1{
    text-align: center;
    letter-spacing: 2px;
    color: #333;
}
table{
    width: 500px;
    margin: auto;
    border: 1px solid blue;
```

```
    }
    .info{
        color: #999;
        width: 400px;
        font-size: 14px;
    }
    tr td:first-child{
        text-align: right;
        color: #333;
        padding: 3px;
    }
    span{
        color: red;
        margin-right: 2px;
    }
    input[type="text"],input[type="password"]{
        width: 260px;
        padding: 5px 10px;
    }
    #register{
        background-color: green;
        color: white;
        padding: 5px 25px;
        border: none;
        border: 1px solid darkgreen;
        border-radius: 4px;
    }
```

实训任务 3：制作电子邮箱的发送邮件页面

【任务描述】

制作电子邮箱的发送邮件页面的效果如图 6-23 所示。用户发送邮件时，在"收件人"文本输入框中输入收件人地址，在"主题"文本输入框中输入邮件主题，单击"选择文件"按钮，可以选择本地文件作为附件上传，邮件编辑框暂且模拟邮件正文的效果，在页面顶端的 4 个按钮中选择操作功能，并单击相应的按钮。

【实训任务指导】

1．整体页面分成上中下结构，自上而下铺出画面结构，逐步细化。

2．对"免费邮箱"标题头的制作，综合应用各种标记及细腻的样式设置。

3．对"发送""预览"等 4 个按钮的制作，使用<span>标记，它是实际开发中制作按钮的常见的应用技术。

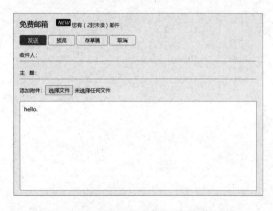

图 6-23　电子邮箱的发送邮件页面的效果

4．在邮件题头处，"收件人""主题"使用<input>标记的单行文本输入类型制作，"添加附件"使用文件上传域类型制作。

任务 3 实现的主要代码：

```
<!DOCTYPE html>
<html>
    <head>
        <meta charset="utf-8">
        <title>发送邮件</title>
        <style type="text/css">
            body,
            h1 {
                margin: 0px;
                padding: 0px;
            }
            .content {
                width: 600px;
                background-color: #F5F5F5;
                overflow: hidden;
                padding: 0px 15px;
                font-size: 13px;
            }
            h1 {
                font-size: 18px;
                font-weight: 500;
                margin: 10px 0px 20px;
            }
            h1 span{
                margin-left: 20px;
                font-size: 13px;
            }
            h1 sup{
                background-color: red;
                color: white;
                padding:0px 3px;
                border: 1px solid #900;
                border-radius: 3px;
                font-style: italic;
                margin-right: 3px;
            }
            .toolbar {
                margin-bottom: 10px;
            }
            .toolbar span {
                padding: 3px 20px;
                border: 1px solid gray;
                border-radius: 4px;
            }
```

```css
        #send{
            background-color: forestgreen;
            color: white;
        }
        .info{
            margin: 15px 0px;
            padding: 5px 0px;
            border-bottom: 1px solid gray;
        }
        input{
            width: 500px;
            border: none;
            background-color: #F5F5F5;
        }
        .add{
            margin: 15px 0px;
        }
        p{
            width:580px;
            height: 200px;
            background-color: white;
            border: 1px solid gray;
            border-radius: 2px;
            padding: 10px;
        }
    </style>
</head>
<body>
    <div class="content">
        <h1>免费邮箱<span><sup>NEW</sup>您有（2 封未读）邮件</span></h1>
        <div class="toolbar">
            <span id="send">发送</span>
            <span>预览</span>
            <span>存草稿</span>
            <span>取消</span>
        </div>
        <div class="main">
            <div class="info">
                <label>收件人：</label><input type="text" id="" value="" />
            </div>
            <div class="info">
                <label>主   题:</label><input type="text"
id="" value="" />
            </div>
            <div class="add">
                <label>添加附件：</label><input type="file" name="" id=""
value="" multiple="multiple"/>
            </div>
```

```
                <div class="write">
                    <p>hello.</p>
                </div>
            </div>
        </div>
    </body>
</html>
```

实训任务 4：制作班级网站的用户注册页面

【任务描述】

本实训任务是制作班级网站的用户注册页面，在页面中对表单元素的类型、属性充分进行实践应用。在初始状态时，如图 6-24（a）所示；当用户将光标定位到邮箱、密码输入框时，即输入框获得焦点时，输入框动态加长，如果输入的内容不符合验证要求，即输入无效时，输入框的边框颜色变为红色，提示图标变为警告图标，如图 6-24（b）所示；如果必填项目输入的内容符合验证要求，即必填项目输入有效时，输入框的边框颜色变为绿色，提示图标变为正确图标，如图 6-24（c）所示；当光标悬浮在"提交"按钮上时，按钮的背景色、前景色发生相应变化，如图 6-24（d）所示。

图 6-24　班级网站的用户注册页面的效果

【实训任务指导】

1．用户注册表单使用<ul>无序列表布局，将邮箱输入框和密码输入框的 required 属性设置为必填项。

2．对邮箱输入框、密码输入框进行相同的样式设置，可以通过标签属性过滤选择，也可以通过 id 集合选择，还可以将其定义为同类，先通过类选择器选择，再进行统一定义。

3．按钮初始状态和光标悬浮状态的样式变化，可以通过对按钮的初始状态进行样式设置和伪类 hover 进行样式设置。

4．邮箱输入框、密码输入框获得焦点时的样式，可以通过伪类 focus 进行设置。

5．输入框设置类选择器的:focus:invalid 的样式定义可以在同类的基础上，选取 focus 状态下的无效状态进行。

6．同理，选择同类下的:required:valid，在被同类修饰的、设置了 required 必填属性的、填写内容有效的情况下，进行样式定义。

任务 4 实现的主要代码如下。

其中 HTML 文件代码如下：

```html
<!DOCTYPE html>
<html>
    <head>
        <meta charset="utf-8">
        <title>用户注册</title>
        <link rel="stylesheet" type="text/css" href="css/exe64.css" />
    </head>
    <body>
        <div class="main">
            <h1>您正在注册网站会员</h1>
            <ul>
                <li><span>邮箱</span><input type="email" class="enter" id=
"email" value="" required="required" /></li>
                <li><span>密码</span><input type="password" class="enter"
id="key" value="" required="required"/></li>
                <li><input type="checkbox" id="agree" value="" /><label for=
"agree">我已阅读并同意</label></li>
                <li><input type="submit" id="btn" value="提交" /></li>
            </ul>
        </div>
    </body>
</html>
```

其中 exe64.css 文件代码如下：

```css
body,h1,ul,li,input{
    margin: 0px;
    padding: 0px;
}
body{
    background-color: #f4f4f4;
```

```css
    font-size: 16px;
    color: #333;
    font-family: "微软雅黑";
}
ul{
    list-style: none;
}
.main{
    width: 500px;
    border: 1px solid red;
    margin: auto;
}
h1{
    font-size: 24px;
    padding:10px;
    font-weight: 500;
}
ul{
    background-color: #F9FAFE;
    padding: 10px 30px;
}
li{
    margin: 15px;
}
span{
    margin-right: 5px;
    vertical-align: middle;
    letter-spacing: 5px;
}
label{
    margin-left: 5px;
}
#btn{
    width:286px;
    background-color: #E86767;
    padding: 8px 0px;
    border: none;
    border-radius: 4px;
    color: white;
    font-size: 14px;
}
#btn:hover{
    background-color: #900;
    cursor: pointer;
}
/* 邮箱、密码输入框的动态变化定义开始 */
/* 输入框初始状态，邮箱、密码输入框的样式相同，定义类选择器 */
.enter{
```

```
        width: 220px;
        padding: 8px;
        border-radius: 4px;
        border: none;
        outline: 1px solid #CCCCCC;
        background: url(…/img/attention.png) no-repeat 98% center;
}
/* 当输入框获得焦点时，输入框加长*/
.enter:focus{
        padding-right: 70px;
}
/* 当输入框输入的内容不符合要求时，即无效时，边框为红色，显示警告图标 */
.enter:focus:invalid{
        border: 1px solid red;
        background-image: url(…/img/warn.png);
}
/* 当输入框必填项的输入内容符合要求时，即有效时，边框为绿色，显示正确图标 */
.enter:required:valid{
        border: 1px solid lawngreen;
        background-image: url(…/img/right.png);
}
/* 邮箱、密码输入框的动态变化定义结束*/
```

模块7 网站首页的设计制作

　　首页是一个网站的门面，是浏览者访问网站的第一个页面，也是整个网站的起始点和汇总点。因此，在制作首页时，一定要做到重点突出、分类准确，在设计上要引人注意，在操作上要简单方便，使浏览者在看到首页后能够进一步关注网站的内容。本模块主要完成"新闻网"中首页的设计和制作，页面效果如图7-1所示。本模块任务分解为"首页整体布局分析设计""头部的实现""中间主体内容的实现""底部页脚版权的实现"。通过本模块的学习，旨在使学习者了解网站页面的创建过程，掌握使用 DIV+CSS 实现页面布局，以及使用 HTML 和 CSS 进行页面设计的方法。只有规划翔实、目标明确，在开发制作过程中才会做到一直朝着目标努力，不忘初心。

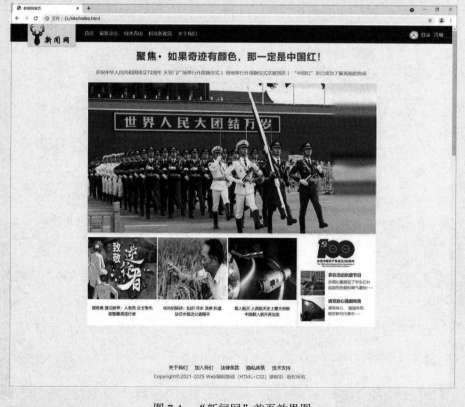

图 7-1 "新闻网"首页效果图

【学习目标】

- 掌握 Web 项目开发的流程；
- 掌握网页设计规划和模块的拆分；

- 掌握使用 DIV+CSS 实现页面布局的方法；
- 掌握使用 HTML 和 CSS 进行页面设计的方法。

7.1 任务 1：首页整体布局分析设计

7.1.1 整体布局分析

7.1.1 整体布局分析

在拿到设计图时，应当首先分析页面的布局结构，了解各部分的功能和尺寸大小。图 7-2 中的页面布局采用的是常见的分栏式结构，整个页面可以划分为上、中、下 3 个部分。其中，上部区域主要包括 Logo、顶部导航和登录注册；下部区域主要包括底部导航和版权信息；中间区域面积最大，为主要的新闻显示区域。

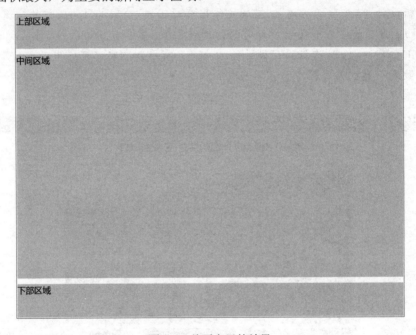

图 7-2　首页布局的效果

在进行页面布局时，应遵循自顶向下、从左到右的原则。对于上面这种结构的布局，主体代码如下：

```
<div class="nav">上部区域</div>
<div class="content">中间区域</div>
<div class="footer">下部区域</div>
```

7.1.2 样式重置

7.1.2 样式重置

由于浏览器的兼容问题，不同浏览器对不同标记的默认值有时是不同的，这就会造成浏览器之间的页面显示差异。为了解决这个问题，可以使用 CSS 样式重置，让各个浏览器的 CSS 样式有一个统一的基准。

传统的样式重置文件是通过重置清零处理来保障统一基准。主要代码如下：

```
*{ margin:0; padding:0; }
```

图 7-3 中给出了一级标题<h1>标记应用样式
重置前后的差别，从图中可以明显看出，样式重
置消除了浏览器自动给<h1>标记增加的空白。

7.1.3　全局 CSS 的定义

图 7-3　样式重置的应用效果

在进行网站设计时，为了保持页面的一致性，应当将一些公共样式（如
网页默认文字属性、超链接、列表等）独立出来，定义为全局的 CSS。一
般可以将此文件命名为 main.css、default.css 或 global.css，以便在每个页
面中加以引用。

7.1.3 全局 CSS 的定义

在"新闻网"中，对整个网站中全局共用的样式进行了定义。具体代码如下：

```
body {
    color: black;
    background-color: #F5F5F5;
    font-size: 14px;
    font-family: arial,"微软雅黑";
    line-height: 1.5em;
}
a {
    color: black;
    text-decoration: none;
}
ul {
    list-style-type: none;
}
```

在上述代码中，设置默认的页面背景颜色是浅灰色#F5F5F5，使用 14px 大小、黑色的微
软雅黑字体，行间距为 1.5 倍。除此之外，还将超链接的文字颜色设置为黑色，并删除了下
画线，取消了列表项前的项目符号。

除了页面的通用样式，在全局 CSS 中还定义了一种通用的面板（panel）组件，它代表
页面中的一块区域。具体代码如下：

```
.panel {
    margin-top: 10px;
    margin-bottom: 10px;
}
.panel h1 {
    margin: 25px auto;
    text-align: center;
    color: #4D4F53;
    letter-spacing: 2px;
}
.panel h1 span {
    color: #cc0000;
    letter-spacing: 5px;
}
```

```
.panel p {
    text-align: center;
    color: #666;
    margin: 25px;
}
.panel img {
    width: 100%;
}
```

在上述代码中，定义了每个面板组件有上下 10px 的外边距，并对面板中的标题字、段落和图片的样式进行了定义。

7.2 任务 2：头部的实现

 ### 7.2.1 头部的布局分析和实现

7.2.1 头部的布局分析和实现

头部包括三部分内容，左边是 Logo 部分，中间是顶部导航部分，右边是登录注册部分。可以通过在 nav 层中嵌套 3 个<div>标记来实现这种左中右的结构。其 HTML 代码如下：

```html
<div class="nav">
    <div class="logo">Logo 部分</div>
    <div class="navLeft">顶部导航部分</div>
    <div class="navRight">登录注册部分</div>
</div>
```

定义好头部的结构后，下面通过 CSS 定义头部的样式。其代码如下：

```css
.nav {
    width: 100%;
    height: 60px;
    background-color: #000;
}
.nav a {
    color: white;
}
.nav .logo {
    width: 15%;
    height: 75px;
    float: left;
}
.nav .navLeft {
    width: 70%;
    float: left;
}
.nav .navRight{
    width: 15%;
    line-height: 60px;
    text-align: right;
```

```
        float: right;
    }
```

从上面的代码中可以看出，整个头部的宽度、高度分别为100%和60px，背景为黑色#000，头部中超链接的文字是白色。此外，代码中设置了Logo、navLeft和navRight 3个部分的宽度，并通过左右浮动来实现左中右的结构，如图7-4所示。需要注意，为了能清晰地看到效果，图7-4中暂且删除了整个黑色背景，并为3个部分添加了不同的背景颜色。

图 7-4　头部结构示意图

7.2.2　Logo 的实现

7.2.2 Logo 的实现

完成整个网页头部的结构制作后，下面来实现 Logo 部分。首先，将 Logo 图片加入 logo 层中。代码如下：

```html
<div class="logo">
    <img src="img/logo.jpg"/>
</div>
```

下面设置 Logo 图片的样式，为其添加一个灰色阴影，并通过右浮动使图片显示在该区域的右侧。代码如下：

```css
.nav .logo img {
    height: 75px;
    box-shadow: 0 0 2px 2px #CCCCCC;
    float: right;
}
```

添加了 Logo 部分后，头部区域的显示效果如图 7-5 所示。

图 7-5　添加了 Logo 后的头部显示效果

7.2.3　顶部导航的实现

7.2.3 顶部导航的实现

完成 Logo 部分的制作后，下面实现顶部导航部分。顶部导航部分由 5 个水平摆放的超链接组成。可以将超链接放入列表，通过设置列表样式来实现这种布局效果。其 HTML 代码如下：

```html
<div class="navLeft">
    <ul>
        <li><a href="index.html">首页</a></li>
        <li><a href="newslist.html">最新动态</a></li>
        <li><a href="photos.html">绿水青山</a></li>
        <li><a href="#">科技新视觉</a></li>
```

```
        <li><a href="#">关于我们</a></li>
    </ul>
</div>
```

下面设置顶部导航部分中列表的样式。代码如下：

```
.nav .navLeft ul {
    margin-left: 30px;
    overflow: hidden;
}
.nav .navLeft ul li {
    float: left;
    line-height: 60px;
    padding-right: 20px;
}
```

上述代码中，使用左浮动实现了 5 个列表项的水平摆放，通过设置行间距为 60px（与头部区域高度相等）实现了单行文字的垂直居中。为了解决列表中的全部列表项浮动造成列表高度为 0 的问题，在<ul>标记中增加了 overflow: hidden。

实现了顶部导航后，头部区域的显示效果如图 7-6 所示。

图 7-6　添加了顶部导航后的头部显示效果

7.2.4　登录注册的实现

下面来实现最右侧的登录注册部分。首先，将登录图片和登录注册的超链接加入 navRight 层。代码如下：

```
<div class="navRight">
    <img src="img/login.jpg" />
    <a href="#">登录</a>
    <a href="register.html">注册</a>
</div>
```

由于已经在 navRight 层的样式中将文字设置为右对齐和垂直居中了，这里只需要对图片和超链接的样式进行简单设置就可以了。代码如下：

```
.nav .navRight img{
    height: 28px;
    border-radius: 50%;
    margin-right: 5px;
    vertical-align: middle;
}
.nav .navRight a{
    padding-right: 10px;
}
```

实现了登录注册部分后，最终的头部区域的显示效果如图 7-7 所示。

图 7-7　添加了登录注册后的头部显示效果

7.3　任务3：中间主体内容的实现

7.3.1　主体内容的布局分析和实现

7.3.1 主体内容的布局分析和实现

主体内容包括上下两个部分，即上部内容区和主要内容区，其中主要内容区又分为左右两个部分，可以通过在 content 层中嵌套两个<div>标记来实现这种结构。其 HTML 代码如下：

```
<div class="content">
    <div class="panel">上部内容区</div>
    <div class="main">
        <div class="mainLeft">主要内容区(左)</div>
        <div class="mainRight">主要内容区(右)</div>
    </div>
</div>
```

定义好主体内容部分的结构后，下面通过 CSS 设置样式。代码如下：

```
.content {
    width: 70%;
    margin: 0 auto;
}
.content .main {
    overflow: hidden;
}
.content .main .mainLeft {
    float: left;
    width: 660px;
    text-align: center;
    background-color: white;
}
.content .main .mainRight {
    float: right;
    width: 240px;
    background-color: white;
    padding: 0px 8px;
}
```

从上面的代码中可以看出，整个内容区占总屏幕宽度的 70%，居中显示。对于主要内容区中的两个<div>标记，仍然通过左右浮动实现水平布局。

添加样式后，主要内容区的显示效果如图 7-8 所示。需要注意，为了能清晰地看到效果，图 7-8 中修改了 3 个<div>标记的背景颜色，并为它们设置了不同的高度。

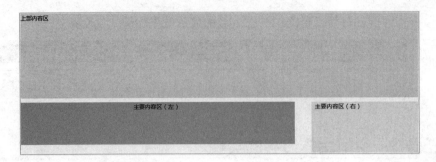

图 7-8　添加了样式后的主要内容区显示效果

7.3.2　上部内容区的实现

7.3.2 上部内容区的实现

实现了整个主体内容区后，下面来实现上部内容区。上部内容区由一级标题、描述文字和图片组成。代码如下：

```
<div class="panel">
    <h1><span>聚焦&middot; </span>如果奇迹有颜色，那一定是中国红！</h1>
    <p>庆祝中华人民共和国成立 72 周年 天安门广场举行升国旗仪式 | 各地举行升国旗仪式欢度
国庆 | "中国红"早已成为了最亮丽的色彩</p>
    <img src="img/index.jpg">
</div>
```

由于已经在全局 CSS 样式中对面板及其中的一级标题、段落和图片的样式进行了定义，所以在这里就不需要再对其进行设置。添加了上部内容区后，整个首页的显示效果如图 7-9 所示。

图 7-9　添加了上部内容区后的首页显示效果

7.3.3　左侧主要内容区的实现

7.3.3 左侧主要内容区的实现

实现了上部内容区后，下面来实现左侧主要内容区。左侧主要内容区显示的是新闻列表，每行显示 3 条，每条新闻均由上面的新闻图片和下面的标题文字组成。对于这种布局结构，仍然可以选择列表实现。代码如下：

```
<div class="mainLeft">
    <ul>
```

```
<li>
    <a href="beautiful.html">
        <img src="img/list1.jpg" />
        <p>国有难 操戈披甲；人有危 众士争先 致敬……</p>
    </a>
</li>
//此处省略部分代码
    </ul>
</div>
```

下面通过 CSS 设置其样式。代码如下：

```
.content .main .mainLeft ul {
    overflow: hidden;
}
.content .main .mainLeft ul li {
    float: left;
    width: 33.33333%;
    padding-right: 10px;
    box-sizing: border-box;
}
.content .main .mainLeft img {
    width: 100%;
    height: 210px;
}
```

上述代码中，将每个向左浮动的列表项的宽度设置为 33.33333%，使每行只显示 3 个列表项。为了让列表项之间保留一些空白，这里设置了 10px 的右内边距。但是内边距的增加会出现每行中第 3 项摆放不开的问题。为解决这一问题，本例通过 box-sizing 属性调整了盒子模型的计算方式，使每个列表项的宽度值包含内边距。

增加了左侧主要内容区后，整个首页的显示效果如图 7-10 所示。

图 7-10　增加了左侧主要内容区后的首页显示效果

7.3.4 右侧主要内容区的实现

在完成了上部内容区和左侧主要内容区后，接下来实现右侧主要内容区。右侧主要内容区由上面的图片和下面的图片新闻列表组成。对于上面的图片来说，可以简单地将它放入一个面板中。对于下面的图片新闻列表来说，与左侧不同的是，它采用的是水平方式的布局，这种布局也可以使用列表来实现。因此，整个右侧主要内容区的 HTML 代码如下：

```html
<div class="mainRight">
    <div class="panel">
        <img src="img/100.jpg" />
    </div>
    <ul>
        <li>
            <img src="img/p1.jpg" />
            <h4>多彩活动欢度节日</h4>
            <p> 合唱比赛展现了学生们对祖国的热爱和朝气蓬勃！……</p>
        </li>
        <li>
            <img src="img/p2.jpg" />
            <h4>请党放心强国有我</h4>
            <p> 请党放心，强国有我，做好新时代青年……</p>
        </li>
    </ul>
</div>
```

7.3.4 右侧主要内容区的实现

下面通过 CSS 设置样式。代码如下：

```css
.content .main .mainRight ul li {
    color: #4D4F53;
    overflow: hidden;
    margin-bottom: 5px;
}
.content .main .mainRight ul li img {
    width: 83px;
    height: 83px;
    float: left;
    margin-right: 10px;
}
.content .main .mainRight ul li h4 {
    font-size: 14px;
    margin-top: 5px;
}
.content .main .mainRight ul li p {
    font-size: 12px;
}
```

从上面的代码中可以看出，这种水平结构图片的新闻列表实现起来非常简单，只需要将列表项中的图片向左浮动即可。

增加了右侧主要内容区后，整个首页的显示效果如图 7-11 所示。

图 7-11　增加了右侧主要内容区后的首页显示效果

7.4　任务 4：底部页脚版权的实现

7.4 任务 4：底部页脚版权的实现

底部页脚部分由底部导航条和版权信息组成，分别通过<div>标记和<p>标记来实现。具体的 HTML 代码如下：

```
<div class="footer">
    <div class="f_nav">
        <a href="#">关于我们</a>
        <a href="#">加入我们</a>
        <a href="#">法律条款</a>
        <a href="#">隐私政策</a>
        <a href="#">技术支持</a>
    </div>
    <p>Copyright&copy;2021-2025 Web 编程基础(HTML+CSS)课程组 &middot;
 版权所有</p>
</div>
```

下面通过 CSS 设置样式。代码如下：

```
.footer {
    margin: 120px 0px 30px 0px;
    text-align: center;
}
.footer .f_nav {
```

```
    padding: 10px;
}
.footer .f_nav a {
    padding: 10px;
}
.footer p {
    font-size: 16px;
    color: #777777;
}
```

上述代码为底部页脚添加了 120px 的上边距和 30px 的下边距，并设置文字居中显示；底部导航条及其中的超链接设置 10px 的内边距；版权信息文字的大小设置为 16px、灰色。由于继承性，底部导航条中的 5 个超链接和版权信息文字也会居中显示。底部页脚区域的显示效果如图 7-12 所示。

关于我们　　加入我们　　法律条款　　隐私政策　　技术支持

Copyright©2021-2025 Web编程基础（HTML+CSS）课程组 · 版权所有

图 7-12　添加页脚版权后的底部显示效果

7.5　知识进阶

HTML5 中增加了一组新的语义化标记，使得页面的内容结构化。虽然语义化标记也可以使用 HTML 标记进行替换，但是使用语义化标记可以简化 HTML 页面设计，并且搜索引擎在抓取和索引网页时，也会利用这些元素进行检索。

HTML5 中新增的语义化标记如表 7-1 所示。

表 7-1　HTML5 中新增的语义化标记

标 记 名	说 明
\<header>	表示页面中一个内容区块或整个页面的标题
\<section>	页面中的一个内容区块，如章节、页眉、页脚或页面的其他部分，可以和 h1、h2 等元素结合起来使用，表示文档结构
\<article>	表示页面中一块与上下文不相关的独立内容，如一篇文章
\<aside>	表示\<article>标记内容之外的、与\<article>标记内容相关的辅助信息，可用作\<article>标记的侧边栏
\<hgroup>	表示对整个页面或页面中的一个内容区块的标题进行组合
\<figure>	表示一段独立的流内容，一般表示文档主体流内容中的一个独立单元
\<figcaption>	定义\<figure>标签的标题，二者搭配使用
\<nav>	表示页面中导航链接的部分
\<footer>	表示整个页面或页面中一个内容区块的脚注。一般来说，它会包含创作者的姓名、创作日期及创作者的联系信息等

【例 7-1】使用语义化标记布局班级网站

```
<!DOCTYPE html>

<html>
```

【例 7-1】使用语义化标记布局班级网站

```html
<head>
    <meta charset="UTF-8">
    <title>布局新标签</title>
    <link rel="stylesheet" type="text/css" href="css/demo71.css"/>
</head>
<body>
    <div class="container">
        <header>
            <h1>班级网站</h1>
        </header>
        <nav>
            <ul>
                <li><a href="#">首页</a></li>
                <li><a href="#">新闻通知</a></li>
                <li><a href="#">班级公告</a></li>
                <li><a href="#">学习园地</a></li>
                <li><a href="#">关于我们</a></li>
            </ul>
        </nav>
        <section>
            <header class="sect_hd">
                <h2>学习园地</h2>
            </header>
            <article>
                <h3>致敬最美逆行者</h3>
                <p>在全国上下抗击新型冠状病毒感染的肺炎疫情中，他们从全国的四面
八方，毅然奔赴抗疫前线，筑起了一道守护人民健康的防护线。他们是最美逆行者。</p>
                <p>在这些闪闪发光的普通人身上，我们看到了爱的伟大、爱的力量，对
所有人的一颗大爱之心。正是这些"最美逆行者"的实际行动，鼓舞了人们对抗疫情的信心，有了直面危
险的勇气和众志成城的毅力。</p>
            </article>
            <article>
                <h3>追梦青春</h3>
                <p>每一个人都有自己的梦想，小学、初中、高中、大学……我们每时每
刻都在追逐自己的梦想，并为之努力奋斗。</p>
                <p> 在短暂又漫长的青春时光里，我们会找到自己的同伴，并和他们一起
不断前行，互相帮助，最终能够以自己的力量，在梦想的天空中自由翱翔，攀上人生的巅峰。</p>
            </article>
        </section>
        <footer>Copyright©2021-2025 Web 编程基础（HTML+CSS）课程组 · 版权所
有</footer>
    </div>
</body>
</html>
```

其中 demo71.css 文件代码如下：

```
body{
    margin: 0px auto;
}
.container{
    width: 800px;
    padding:5px;
    border: 1px solid red;
}
header h1{
    background-color: #0799E6;
    color: white;
    font-size: 28px;
    margin: 0px;
    padding: 20px 10px;
}
ul{
    list-style: none;
    margin: 0px;
    padding: 0px;
}
nav ul li{
    float: left;
    padding: 10px 15px;
}
a{
    text-decoration: none;
    color: #333;
}
nav:after{
    display: block;
    content: "";
    clear: both;
}
section{
    border: 1px solid #333;
    padding: 10px;
    background-color: #e1e1e1;
    margin-bottom: 10px;
}
h2,h3{
    margin: 10px 0px;
}
article{
    border: 1px solid #333;
    background-color: white;
    margin-bottom: 10px;
```

```
    padding: 10px;
}
p{
    text-indent: 2em;
}
footer{
    text-align: center;
    background-color: #505050;
    border: 1px solid #505050;
    color: white;
    padding:20px 0px;
}
```

页面运行效果如图 7-13 所示。

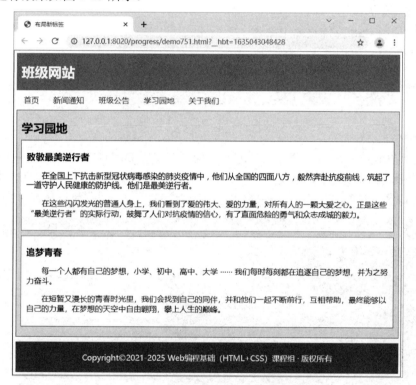

图 7-13 新增的语义化标记布局网页

7.6 小结

本模块学习了网站的整体设计规划、网页模块的划分、使用 DIV+CSS 进行页面布局等，具体内容如下。

1. 首页一定要做到重点突出、分类准确，在设计上引人注意，在操作上简单方便。

2. 在拿到设计图时，应当首先分析页面的布局结构，了解各个部分的功能和尺寸大小。

3. 由于浏览器的兼容问题，可以使用 CSS 样式重置，让各个浏览器的 CSS 样式有一个统一的基准。

4. 为了保持页面的一致性，应当将网站中的公共样式独立出来，定义为全局的 CSS。

5. 除了页面的通用样式，在全局的 CSS 中还定义了通用的面板（panel）组件，定义了页面中一块通用区域的样式和区域中的常规元素 h1、p、span、img 等。

6. HTML5 中新增了语义化标记，使得页面中的内容结构化，更具备见名知义，如常用的 header、section、article、aside、footer 等。

7.7 实训任务

【实训目的】

1. 掌握网页布局规划及绘制网页布局图的方法；
2. 熟练使用 DIV +CSS 方式进行页面布局；
3. 熟练使用 CSS 修饰页面中的各个类型元素。

【实训内容】

实训任务 1：使用 DIV+CSS 布局班级网站首页

【任务描述】

本任务旨在使学习者掌握整体网站的设计规划，使用 DIV+CSS 方式，对整张网页进行页面布局。班级网站首页整体结构为上中下结构，其中上部区域为顶部导航条，中间区域为页面内容主体区，底部区域为网站底部导航和版权信息，网页浏览效果如图 7-14 所示。

图 7-14 班级网站首页的效果

采用 DIV+CSS 方式对页面结构进行布局，页面结构效果如图 7-15 所示。

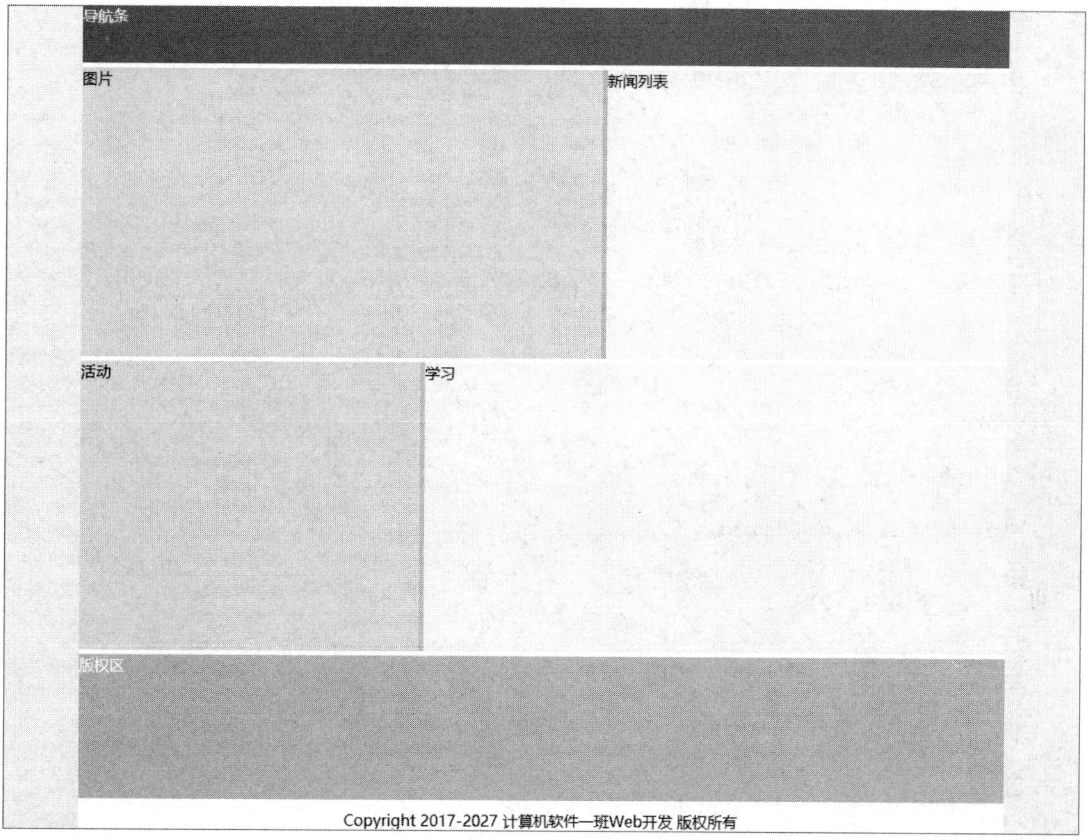

图 7-15　网站首页 DIV+CSS 页面布局结构的效果

【实训任务指导】

1．首先进行页面布局设计分析，整张网页分为上中下结构，中间主体区分为上下两块，每一块又分为不等宽的左右结构。

2．采用 DIV +CSS 方式自上而下铺出页面结构。

3．考虑到页面元素初始化的样式定义在网站中所有网页都有应用，将初始化样式单独定义为 global.css 文件。

任务 1 实现的主要代码如下。

其中 HTML 文件代码如下：

```
<!DOCTYPE html>
<html>
    <head>
        <meta charset="UTF-8">
        <title>班级网站首页布局</title>
        <link rel="stylesheet" type="text/css" href="css/global.css"/>
        <link rel="stylesheet" type="text/css" href="css/exe71.css"/>
    </head>
    <body>
        <div class="content">
```

```
            <div class="nav">导航条</div>
            <div class="main1 clr">
                <div class="m1_left">图片</div>
                <div class="m1_right">新闻列表</div>
            </div>
            <div class="main2 clr">
                <div class="m2_left">活动</div>
                <div class="m2_right">学习</div>
            </div>
            <div class="footer">版权区</div>
            <p>Copyright 2017-2027 计算机软件一班 Web 开发 版权所有</p>
        </div>
    </body>
</html>
```

其中 global.css 文件代码如下：

```
body,ul,li,ol,dl,dt,dd,h1,h2,h3,h4,p,form,img{
    margin: 0px;
    padding: 0px;
}
ul{
    list-style: none;
}
a{
    text-decoration: none;
}
body{
    background-color: #f5f5f5;
    font-family: "微软雅黑";
    font-size: 16px;
}
.clr:after{
    content: "";
    display: block;
    clear: both;
}
```

其中 exe71.css 文件代码如下：

```
.content{
    width: 980px;
    margin: auto;
    background-color: white;
}
.nav{
    height: 60px;
    background-color:dodgerblue;
    color: white;
```

```
        margin-bottom: 5px;
    }
    .main1{
        margin-bottom: 5px;
        height: 300px;
        background-color: pink;
    }
    .m1_left{
        float: left;
        width: 550px;
        height: 100%;
        background-color: lavender;
    }
    .m1_right{
        float: right;
        width: 425px;
        height: 100%;
        background-color:lemonchiffon;
    }
    .main2{
        margin-bottom: 5px;
        height: 300px;
        background-color: lightgreen;
    }
    .m2_left{
        float: left;
        width: 360px;
        height: 100%;
        background-color: lavender;
    }
    .m2_right{
        float: right;
        width: 615px;
        height: 100%;
        background-color:lemonchiffon;
    }
    .footer{
        height: 150px;
        background-color: #ccc;
        color: white;
        margin-bottom: 10px;
    }
    p{
        text-align: center;
        margin: 10px auto 30px;
    }
```

实训任务 2：使用 DIV+CSS 布局左中右页面结构

【任务描述】

采用 DIV+CSS 方式对左中右页面结构进行页面布局，页面效果如图 7-16 所示。

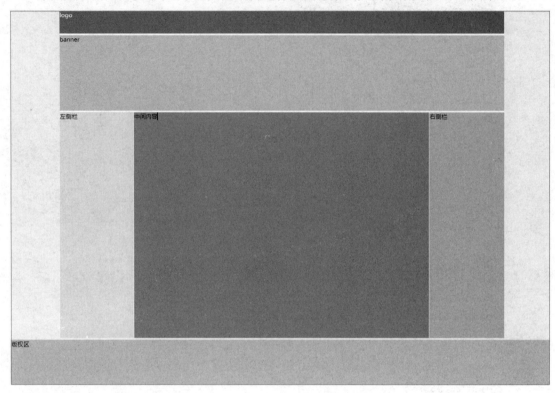

图 7-16　页面布局结构的效果

【实训任务指导】

1. 首先进行页面布局设计分析，整张网页分为上中下结构，中间主体区分为左中右结构，底端版权区宽度为 100%占满屏幕。

2. 采用 DIV +CSS 方式自上而下铺出页面结构。

3. 考虑到页面元素初始化的样式定义在网站所有网页中都有应用，将初始化样式单独定义为 global.css 文件。

任务 2 实现的主要代码如下。

其中 HTML 文件代码如下：

```
<!DOCTYPE html>
<html>
    <head>
        <meta charset="UTF-8">
        <title>DIV+CSS 页面布局</title>
        <link rel="stylesheet" type="text/css" href="css/global.css"/>
        <link rel="stylesheet" type="text/css" href="css/exe72.css"/>
```

```
    </head>
    <body>
        <div class="container">
            <div class="logo">logo</div>
            <div class="banner">banner</div>
            <div class="content clr">
                <!--主体内容区-->
                <div class="left">左侧栏</div>
                <div class="right">右侧栏</div>
                <div class="main">中间内容</div>
            </div>
        </div>
        <div class="footer">版权区</div>
    </body>
</html>
```

其中 global.css 文件代码如下：

```
body,ul,li,ol,dl,dt,dd,h1,h2,h3,h4,p,form,img{
    margin: 0px;
    padding: 0px;
}
ul{
    list-style: none;
}
a{
    text-decoration: none;
}
body{
    background-color: #f5f5f5;
    font-family: "微软雅黑";
    font-size: 16px;
}
.clr:after{
    content: "";
    display: block;
    clear: both;
}
```

其中 exe72.css 文件代码如下：

```
.container{
    width: 1200px;
    background-color: white;
    margin: auto;
}
.logo{
    height: 60px;
```

```
        background-color: dodgerblue;
        color: white;
        margin-bottom: 5px;
    }
    .banner{
        height: 200px;
        background-color: pink;
        margin-bottom: 5px;
    }
    .content{
        height: 600px;
        background-color: lemonchiffon;
        margin-bottom: 5px;
    }
    .left{
        width: 200px;
        height: 100%;
        float: left;
        background-color: lavender;
    }
    .right{
        width: 200px;
        height: 100%;
        float: right;
        background-color: lightskyblue;
    }
    .main{
        margin: 0px 202px;
        background-color: coral;
        height: 100%;
    }
    .footer{
        width: 100%;
        height: 120px;
        background-color: #ccc;
    }
```

实训任务 3：使用 HTML5 中新增语义化标记进行页面布局

【任务描述】

使用 HTML5 中新增语义化标记的方式对页面结构进行页面布局，页面效果如图 7-17 所示。

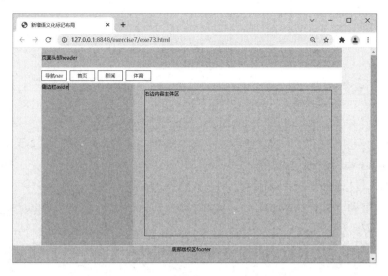

图 7-17　页面布局结构的效果

【实训任务指导】

1．首先进行页面布局设计分析，整张网页分为上中下结构，中间主体区分为左右结构，底端版权区宽度为 100%占满屏幕。

2．采用 HTML5 中新增语义化布局标记 header、nav、section、article、aside 和 footer 等，自上而下铺出页面结构。

3．考虑到页面元素初始化的样式定义在网站所有网页中都有应用，将初始化样式单独定义为 template.css 文件。

任务 3 实现的主要代码如下。

其中 HTML 文件代码如下：

```
<!DOCTYPE html>
<html>
    <head>
        <meta charset="utf-8">
        <title>新增语义化标记布局</title>
        <link rel="stylesheet" type="text/css" href="css/template.css"/>
        <link rel="stylesheet" type="text/css" href="css/exe73.css"/>
    </head>
<body>
    <header class="panel">页面头部 header</header>
    <nav class="panel">
        <ul class="clr">
            <li><a href="#">导航 nav</a></li>
            <li><a href="#">首页</a></li>
            <li><a href="#">新闻</a></li>
            <li><a href="#">体育</a></li>
        </ul>
    </nav>
    <section class="content panel clr">
```

```
            <aside>侧边栏 aside</aside>
            <section class="main">
                <article>右边内容主体区</article>
            </section>
        </section>
        <footer>底部版权区 footer</footer>
    </body>
</html>
```

其中 template.css 文件代码如下：

```
/* 初始化，CSS 重置 */
body,ul,li,ol,dl,dt,dd,h1,h2,h3,h4,p,form,img,section,header{
    margin: 0px;
    padding: 0px;
}
ul{
    list-style: none;
}
a{
    text-decoration: none;
    color: #4D4F53;
}
/* 页面中统一全局 CSS 样式定义 */
body{
    background-color: #f5f5f5;
    font-family: "微软雅黑";
    font-size: 16px;
}
.clr:after{
    content: "";
    display: block;
    clear: both;
}
/* 定义通用面板 */
.panel{
    width: 980px;
    margin: auto;
    margin-bottom: 2px;
}
.panel h1{
    font-size: 18px;
    margin:auto;
    color: #4d4f53;
    letter-spacing: 2px;
}
```

其中 exe73.css 文件代码如下：

```
header{
```

```
        height: 60px;
        line-height: 60px;
        background-color: #CCCCCC;
}
nav{
        height: 45px;
        line-height: 45px;
        background-color: white;
}
nav ul li{
        float: left;
        width: 80px;
        height: 30px;
        line-height: 30px;
        text-align: center;
        border: 1px solid blue;
        margin-right: 10px;
        margin-top: 7px;
}
.content{
        height: 500px;
        background-color: pink;
}
aside{
        float: left;
        width: 300px;
        background-color: #87CEFA;
        height: 100%;
}
.main{
        float: right;
        height: 100%;
        background-color: #90EE90;
        width: 676px;
}
article{
        width: 90%;
        height:450px;
        border: 1px solid red;
        margin: 20px auto;
}
footer{
        width: 100%;
        height: 60px;
        background-color: #CCCCCC;
        text-align: center;
}
```

模块8 企业级项目综合应用

杂交水稻之父袁隆平曾说："我说书本知识非常重要，电脑技术也很重要，但是书本电脑里面种不出水稻来，只有在田里才能种出水稻来。"正所谓实践出真知。通过前面几章的学习，我们掌握了 HTML 标记和 CSS 样式的基本使用方法，能够使用它们完成常见的页面布局和页面设计。本章将通过对"制作企业产品展示页面""制作新闻详情页面"和"制作用户登录页面"的学习，进一步提升学习者网页设计的能力。

【学习目标】
- 熟练掌握浮动和定位的使用方法；
- 掌握复杂 HTML 页面分析的方法；
- 掌握复杂页面的实现技巧。

8.1 任务 1：制作企业产品展示页面

 ### 8.1.1 任务描述

8.1.1 任务描述

很多网站都有产品展示页面，设计精美的产品展示页面可以更好地吸引浏览者的注意。图 8-1 是某网站的影片展示页面，每隔 5 秒它会自动从右向左移动，显示下一页热映影片。这种设计能使浏览者更多地了解当前正在热映的影片，根据自己的喜好购票观看。

图 8-1 某网站影片展示页面

在企业产品展示案例中，需要设计实现经典影片的展示页面，用于向浏览者展示一些经典的电影及其评分，效果如图 8-2 所示。

图 8-2 经典影片展示页面

8.1.2 定义页面结构

在图 8-2 的经典影片展示页面中，总共包含 8 部经典影片，滚动显示，每页显示 4 部。具体实现时，可以通过 movie_content 层来控制影片展示区域的大小，通过嵌套的列表<ul>实现展示的 8 部经典影片。其 HTML 代码如下：

```html
<div class="movie_content">
    <ul class="movie_list">
        <li>
            <a href="#"><img src="img/01.jpg" alt="疯狂动物城" /></a>
            <h4><a href="#">疯狂动物城</a></h4>
            <span>评分:<em>9.2</em></span>
        </li>
        <li>
            <a href="#"><img src="img/02.jpg" alt="哪吒之魔童降世" /></a>
            <h4><a href="#">哪吒之魔童降世</a></h4>
            <span>评分:<em>8.4</em></span>
        </li>
        //此处省略部分代码
    </ul>
</div>
```

8.1.3 添加页面样式

在定义页面结构后，接下来定义影片展示页面的 CSS 样式。首先，定义样式重置和一些全局 CSS 样式。其代码如下：

```css
* {
    padding: 0;
    margin: 0;
}
body {
    font: 12px/1.5em Helvetica, Arial, sans-serif;
}
a {
    color:#2B93D2;
    text-decoration: none;
}
```

```
ul {
    list-style-type: none;
}
```

其次，定义 movie_content 层和影片列表<ul>的样式，结构如图 8-3 所示。为了实现每页显示 4 部影片的效果，这里将 movie_content 层的宽度设置为 600px，影片列表<ul>的宽度设置为 200%，列表项的宽度设置为 12.5%，并使用 overflow 属性将 movie_content 层超出部分截断。

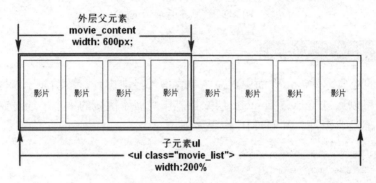

图 8-3　影片展示页面结构图

要实现影片列表的移动，需要进一步修改 movie_content 层和影片列表<ul>的定位方式，即将父元素 movie_content 层的 position 属性设置为 relative，将子元素影片列表<ul>的 position 属性设置为 absolute，并将其 top 和 left 的值设置为 0，使它与 movie_content 层的左上角重合。如果要移动影片列表，只需要修改它的 left 属性值即可。

最后，movie_content 层和影片列表<ul>部分的样式代码如下：

```
.movie_content {
    width: 600px;
    height: 220px;
    border: 1px solid lightgray;
    overflow: hidden;
    position: relative;
}
.movie_content .movie_list {
    width: 200%;
    position: absolute;
    top: 0px;
    left: 0px;
}
.movie_content .movie_list li {
    width: 12.5%;
    float: lcft;
    text-align: center;
    padding: 10px;
    box-sizing: border-box;
}
.movie_content .movie_list li a img {
```

```
    width: 100%;
    height: 160px;
}
.movie_content .movie_list li h4 {
    font-weight: normal;
}
.movie_content .movie_list li span em {
    color: #888;
}
```

8.2 任务 2：制作新闻详情页面

8.2.1 任务描述

8.2.1 任务描述

对于新闻网站而言，新闻详情页面必不可少。常见的新闻详情页面中除了包含新闻的详细内容，还应当支持新闻搜索和新闻评论，如图 8-4 所示。

图 8-4　新闻详情页面的效果

8.2.2 整体布局分析的实现

从图 8-4 中可以看出，新闻详情页面采用了上中下结构：最上面是头部，由左侧的 Logo 和右侧的新闻搜索区域组成；中间的是主体内容，包括新闻详情、用户评论和添加评论 3 个部分；下面的是版权信息。整个页面可以通过 3 个<div>标记来实现。其 HTML 代码如下：

```
<div class="page">
    <div class="header">头部</div>
    <div class="info_content">内容</div>
    <div class="footer">版权信息</div>
</div>
```

8.2.2 整体布局分析的实现

接下来定义全局 CSS 样式和页面结构的 CSS 样式。其代码如下：

```
* {
    padding: 0;
    margin: 0;
}
body {
    background:#4270a4 url(…/img/bg.gif) repeat-x;
    font-size: 14px;
    font-family: arial,"宋体";
    line-height: 1.5em;
}
a {
    text-decoration: none;
    color: black;
}
.page {
    width: 750px;
    margin: 0 auto;
    background-color: white;
    padding: 0 10px 10px 10px;
}
.header {
    min-height: 100px;
}
.info_content {
    border: 1px solid #CCCCCC;
    margin: 10px 0;
    padding: 10px 20px;
    background-color: #FBFBFB;
}
.footer {
    text-align: center;
}
```

从上面的代码中可以看出，整个页面使用了深蓝色和一张水平平铺的图片作为背景，使用宽度为 750px 的居中显示的 page 层作为内容区，页面效果如图 8-5 所示。

图 8-5　新闻详情页面结构图

8.2.3　头部的实现

8.2.3 头部的实现

头部包括左侧的 Logo 图片和右侧的新闻搜索区，可以通过嵌套的两个<div>标记来实现。其 HTML 代码如下：

```html
<div class="header">
    <div class="logo">
        <a href="#">新闻管理发布系统</a>
    </div>
    <div class="search">
        <form action="" method="post">
            <input type="text" name="content">
            <select name="condition">
                <option value="title">标题</option>
                <option value="content">内容</option>
            </select>
            <input type="submit" value="搜索" class="btn">
        </form>
    </div>
</div>
```

首先，添加 Logo 部分的样式代码。通常网页左上角的 Logo 部分是一个超链接，用户点击后可以进入网站首页。上述 HTML 代码中，并没有直接将 Logo 制作成一个图片链接，而是使用了一个普通的文字链接。因此，这里需要将它转换成一个块级元素，使用 Logo 图片作为它的背景，并将文字移出页面。具体代码如下：

```css
.header .logo {
    width: 220px;
    height: 60px;
    padding: 20px 20px;
}
.header .logo a {
    display: block;
    width: 220px;
    height: 60px;
    background: url(…/img/logo.gif);
    text-indent: -9999em;
}
```

因为在样式设置中，超链接<a>的背景图片中带着精美制作的标题文字"新闻发布系统"，所以不需要显示超链接<a>中的文字，故将超链接<a>中的文字通过设置 text-indent 首行缩进 -9999em 超大值，移到屏幕之外。此时，将超链接<a>的文字移出屏幕之前的设置效果如图 8-6 所示。

图 8-6　页面 Logo 设置的效果

其次，添加新闻搜索区的部分样式代码。新闻搜索区位于头部的右下角，可以通过定位技术"子绝父相"的原则来实现这种效果，即将 header 层的 position 属性设置为 relative，将 search 层的 position 属性设置为 absolute，设置 right 属性值和 bottom 属性值。具体代码如下：

```
.header {
    background: url(.../img/header_bg.gif) no-repeat;
    min-height: 100px;
    position: relative;
    /*父元素相对定位*/
}
.header .search {
    position: absolute;
    /*子元素绝对定位*/
    right: 10px;
    bottom: 0px;
    height: 36px;
    line-height: 36px;
}
```

最后，设置 input、select 和 btn 3 个表单元素的样式。要使它们的高度一致，除了需要统一设置高度值，还需要删除默认的 border。具体代码如下：

```
.header .search input {
    vertical-align: middle;
    height: 18px;
    border: none;
}
.header .search select {
    vertical-align: middle;
    font-size: 12px;
    border: none;
```

```
        height: 18px;
    }
    .header .search .btn {
        width: 63px;
        background: url(…/img/serchBtn.gif);
        font-size: 12px;
        color: white;
    }
```

实现整个头部后，页面的显示效果如图 8-7 所示。

图 8-7　添加了头部的新闻详情页面显示效果

8.2.4　内容部分的实现

8.2.4　内容部分的实现

内容部分包括新闻详情、用户评论和发表评论 3 个部分，可以通过在 info_content 中嵌套 3 个<div>标记来实现。其 HTML 代码如下：

```
<div class="info_content">
    <div class="news_content">新闻详情</div>
    <div class="news_comment">用户评论</div>
    <div class="add_comment">发表评论</div>
</div>
```

1．新闻详情部分的实现

新闻详情内容包括新闻标题、发布时间和来源等信息、新闻内容 3 个部分。在实现这一部分时，应注意标题文字和段落的划分。其 HTML 代码如下：

```
<div class="news_content">
    <h3>济南今起 3 天都有降雪，本周气温最低降至-9℃</h3>
    <p class="info">
        <span class="date">2021-11-23 8:00</span>
        <span class="source">今日新闻</span>
        <span class="comment">评论（0 人参与）</span>
    </p>
    <p class="image"><img src="img/tu1.jpg"></p>
    <p class="image"><img src="img/tu2.jpg"></p>
    <p>从小雨到小雪再到大雪——只需要跨过一个"小雪"节气。小雨降临的周末，一天的湿冷还
未散去，气象台发布天气预报：下周初阴有雨雪并伴有大风降温，其余时间以晴为主，最低温度降至-9℃。
</p>
    <p><b>"小雪"来了，你准备好了吗？</b></p>
    <p>"小雪雪满天，来岁是丰年"。冬雪素有"瑞雪"之称。今年的"小雪"从天降小雨开始，
```

连日来的小雨为即将迎来的降温打好了"前站"。据了解，周一阴有小雨转小雪，阵风 7 级，最低气温 1℃
左右；周二阴有大雪，阵风 6~7 级，最低气温-1℃左右，有冰冻；周三阴有小雪，最低气温 3℃左右，有
冰冻；周四至周五，北风转南风都是 3 级，最低气温-9~-7℃，有冰冻。</p>

   <p>小雪时节已进入初冬，天气逐渐转冷，对济南人而言，一家人围着热腾腾的火锅吃顿温暖的
涮羊肉，是最好不过的享受。这个季节宜吃的温补食品有羊肉、牛肉、鸡肉等；宜吃的益肾食品有腰果、
芡实、山药、栗子、白果、核桃等。</p>
  </div>

  在设置新闻详情内容的样式时，应遵循从一般到特殊的方法。例如，首先应设置该区域
中的段落首行缩进 2 个字符、保留上下 10px 的外边距，这一规则适合于大多数段落。然后，
对包含图片的这种特殊段落 p.image，取消缩进 2 个字符、使文字等内容居中显示。按照这
种方法，为新闻详情内容部分添加的 CSS 代码如下：

```css
.info_content .news_content {
    border-bottom: 1px solid #CCCCCC;
}
.info_content .news_content h3 {
    text-align: center;
    border-bottom: 1px solid #CCCCCC;
    padding-bottom: 5px;
}
.info_content .news_content p {
    text-indent: 2em;
    margin: 10px 0;
}
.info_content .news_content p.image {
    text-indent: 0;
    text-align: center;
}
.info_content .news_content .info {
    text-align: center;
    margin: 10px 0;
}
.info_content .news_content .info span {
    display: inline-block;
    margin-right: 10px;
}
.info_content .news_content .info .date {
    color: #CCCCCC;
}
.info_content .news_content .info .source {
    color: #CCCCCC;
}
```

  添加样式后，该部分的显示效果如图 8-8 所示。

济南今起3天都有降雪，本周气温最低降至-9℃

2021-11-23 8:00　　　今日新闻　　　评论（0人参与）

从小雨到小雪再到大雪——只需要跨过一个"小雪"节气。小雨降临的周末，一天的湿冷还未散去，气象台发布天气预报：下周初阴有雨雪并伴有大风降温，其余时间以晴为主，最低温度降至-9℃。

"小雪"来了，你准备好了吗？

"小雪雪满天，来岁是丰年"。冬雪素有"瑞雪"之称。今年的"小雪"从天降小雨开始，连日来的小雨为即将迎来的降温打好了"前站"。据了解，周一阴有小雨转小雪，阵风7级，最低气温1℃左右；周二阴有大雪，阵风6～7级，最低气温-1℃左右，有冰冻；周三阴有小雪，最低气温3℃左右，有冰冻，周四至周五，北风转南风都是3级，最低气温-9～-7℃，有冰冻。

小雪时节已进入初冬，天气逐渐转冷，对济南人而言，一家人围着热腾腾的火锅吃顿温暖的涮羊肉，是最好不过的享受。这个季节宜吃的温补食品有羊肉、牛肉、鸡肉等；宜吃的益肾食品有腰果、芡实、山药、栗子、白果、核桃等。

图 8-8　新闻详情内容的页面效果

2. 用户评论部分的实现

这一部分中的主要内容是评论列表，采用列表标记<ol>实现。每条评论包括两行，第一行是编号、评论人和评论时间，第二行是评论内容，这里使用段落标记<p>来实现。用户评论部分的 HTML 代码如下：

```
<div class="news_comment">
    <h3>最新评论</h3>
    <ol class="comment_list">
        <li class="comment_list_item">
```

```
        <p class="comment_list_item_info">
            <span class="num">1. </span>
            <span class="name">游客</span>
            <span class="date">2021-11-23 10:00</span>
        </p>
        <p class="comment_list_item_content">小雪时节已进入初冬，天气逐渐转
冷。</p>
    </li>
    <li class="comment_list_item">
        <p class="comment_list_item_info">
            <span class="num">2. </span>
            <span class="name">游客</span>
            <span class="date">2021-11-23 9:50</span>
        </p>
        <p class="comment_list_item_content">真的很冷。</p>
    </li>
    </ol>
</div>
```

下面添加这一部分的 CSS 样式，添加时应遵循从大到小的原则。例如，先添加整个用户评论 news_comment 的样式，然后添加评论列表 comment_list 的样式，接下来添加每条评论 comment_list_item 的样式、评论中段落的样式，最后添加每行中具体元素的样式。用户评论部分的 CSS 样式代码如下：

```
.info_content .news_comment {
    font-size: 12px;
    padding: 10px 5px;
    border-bottom: 1px solid #CCCCCC;
}
.info_content .news_comment .comment_list {
    list-style-type: none;
    margin-top: 10px;
}
.info_content .news_comment .comment_list .comment_list_item {
    margin-bottom: 5px;
}
.info_content .news_comment .comment_list .comment_list_item p {
    height: 30px;
    line-height: 30px;
}
.info_content .news_comment .comment_list .comment_list_item .comment_list_
item_info {
    background-color: #F4F4F4;
    border-bottom: 1px solid #CCCCCC;
    padding-left: 5px;
}
.info_content .news_comment .comment_list .comment_list_item .comment_list_
item_info.num {
```

```
        float: left;
    }
    .info_content .news_comment .comment_list .comment_list_item .comment_list_
item_info.name {
        float: left;
        margin-left: 10px;
    }
    .info_content .news_comment .comment_list .comment_list_item .comment_list_
item_info.date {
        float: right;
        margin-right: 5px;
    }
    .info_content .news_comment .comment_list .comment_list_item.comment_list_
item_content {
        padding: 5px 10px;
    }
```

添加样式后，该部分的显示效果如图 8-9 所示。

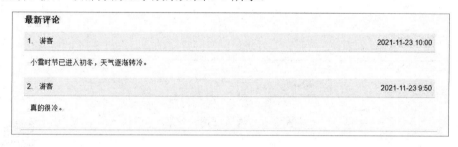

图 8-9　用户评论的效果

3．发表评论部分的实现

发表评论部分由标题文字、描述文字和一个表单组成。其 HTML 代码如下：

```html
<div class="add_comment">
    <h3>发表评论</h3>
    <p>请自觉遵守互联网相关政策法规，评论不得超过 250 字。</p>
    <form action="#" method="post">
        <p><textarea name="content"></textarea></p>
        <p>
            <span>昵称</span>
            <input type="text" name="username">
            <input type="submit" value="发表评论" class="btn">
        </p>
    </form>
</div>
```

这一部分的样式较为简单，主要调整各个部分之间的内外边距。其 CSS 样式代码如下：

```css
.info_content .add_comment {
    font-size: 12px;
```

```
        padding: 10px 5px;
}
.info_content .add_comment p {
        padding: 5px 0;
}
.info_content .add_comment textarea {
        width: 80%;
        height: 5em;
}
.info_content .add_comment .btn {
        padding: 5px;
        border-radius: 3px;
}
```

添加样式后，该部分的显示效果如图 8-10 所示。

发表评论

请自觉遵守互联网相关政策法规，评论不得超过250字。

昵称 [   ] [发表评论]

图 8-10 发表评论的效果

8.2.5 版权信息部分的实现

8.2.5 版权信息部分的实现

页面底部是版权信息部分，可以通过在 footer 层中嵌套段落 p 来实现。其 HTML 代码如下：

```
<div class="footer">
    <p>Copyright &copy; 2021-2025 Web 编程基础（HTML+CSS）课程组 &middot; 版权
所有</p>
</div>
```

下面设置版权信息部分的样式，为它添加背景图片，并设置文字垂直居中。其 CSS 代码如下：

```
.footer p {
    background: url(…/img/footer_bg.gif) repeat-x;
    height: 30px;
    line-height: 30px;
    font-size: 12px;
}
```

添加样式后，该部分的显示效果如图 8-11 所示。

图 8-11　版权信息的效果

8.3 任务 3：制作用户登录页面

8.3.1 任务描述

很多网站都有用户登录页面，它虽然不像首页那么重要，却是会员登录网站的必经之路。用户登录页面的设计在视觉上和操作上应该简约，简约的登录页面应删除多余的元素、颜色、图片，以及复杂的背景，如图 8-12 所示。

8.3.1 任务描述

图 8-12　用户登录页面的效果

8.3.2 定义页面结构

8.3.2 定义页面结构

从图 8-12 所示效果图可以看出，用户登录页面包括 4 个部分，分别是"用户登录"标题、登录表单区、注册验证码登录和其他方式登录。其 HTML 代码如下：

```
<div class="login_container">
    <h3>用户登录</h3>
    <form action="#" method="post">登录表单区</form>
    <div class="register">注册验证码登录</div>
    <div class="other">其他方式登录</div>
</div>
```

下面定义全局 CSS 样式和整个登录区域的 CSS 样式。其代码如下：

```
* {
    padding: 0;
    margin: 0;
```

```
}
body {
    font-family: "微软雅黑", "黑体";
    font-size: 14px;
}
a {
    text-decoration: none;
}
.left {
    float: left;
}
.right {
    float: right;
}
.login_container {
    width: 540px;
    padding: 50px 90px;
    box-sizing: border-box;
    border: 1px solid #CCCCCC;
}
.login_container h3 {
    color: #181E33;
    font-size: 20px;
    margin-bottom: 40px;
    font-weight: normal;
}
```

8.3.3 登录表单部分的实现

8.3.3 登录表单部分的实现

登录表单部分由两个单行文本框和一个登录按钮组成。单行文本框的左侧是提示图片，密码输入框的右侧有一张图片和一个忘记密码链接。登录表单部分的 HTML 代码如下：

```
<form action="#" method="post">
    <div class="login_item">
        <input type="text" name="phone" placeholder="手机号" class="phone">
    </div>
    <div class="login_item">
        <input type="password" name="password" placeholder="密码" class="pwd">
        <span class="eye"></span>
        <a href="#" class="forget">忘记密码? </a>
    </div>
    <div class="btn">
        <input type="submit" value="登录">
    </div>
</form>
```

首先，定义两个单行文本框的样式。添加边框并将边框设置为圆角，设置 padding-left 和 padding-right 的属性值，将这两处空白作为左侧提示图片和右侧忘记密码链接部分的显示区域。具体代码如下：

```
.login_container .login_item {
    width: 360px;
    line-height: 48px;
    margin-bottom: 20px;
    position: relative;
}
.login_container .login_item input {
    width: 100%;
    height: 48px;
    border: 1px solid #E3E8F0;
    border-radius: 24px;
    padding-left: 36px;
    padding-right: 140px;
    box-sizing: border-box;
}
```

其次，添加左侧图片显示的样式。将它们作为背景图片，设置不平铺，并在左侧居中显示。具体代码如下：

```
.login_container .login_item .phone {
    background-image: url(img/icon-tel.png);
    background-repeat: no-repeat;
    background-position: left center;
}
.login_container .login_item .pwd {
    background-image: url(img/icon-password.png);
    background-repeat: no-repeat;
    background-position: left center;
}
```

再次，为密码输入框右侧的图片添加样式。将<span>标记设置为行内块级元素，为其添加背景图片，并通过绝对定位让它靠右显示。具体代码如下：

```
.login_container .login_item .eye {
display: inline-block;
width: 20px;
height: 48px;
background-image: url(img/eye.png);
background-repeat: no-repeat;
background-position: center;
position: absolute;
top: 0px;
right: 110px;
}
```

忘记密码部分的样式与右侧图片非常相似，将超链接修改为行内块级元素，并通过绝对定位靠右显示。具体代码如下：

```css
.login_container .login_item .forget {
    display: inline-block;
    height: 48px;
    position: absolute;
    top: 0px;
    right: 24px;
}
.login_container .login_item a {
    color: #91A0B5;
    text-decoration: none;
}
```

最后，添加登录按钮的样式。删除<input>标记默认的边框，为其添加背景图片。具体代码如下：

```css
.login_container .btn input {
    width: 360px;
    height: 48px;
    background: url("img/loginbtn.png") no-repeat;
    background-size: cover;
    font-size: 18px;
    color: #ffffff;
    margin: 20px 0;
    cursor: pointer;
    border: none;
}
```

8.3.4 其他部分的实现

8.3.4 其他部分的实现

注册验证码登录部分由靠左和靠右的两个超链接组成。其 HTML 代码如下：

```html
<div class="register">
    <a href="#" class="left">新用户注册</a>
    <a href="#" class="right">手机验证码登录</a>
</div>
```

对于这一部分，因为 left 和 right 的样式已经在全局部分中定义好了，所以这里只需要对空白距离和超链接文字的颜色进行调整。其代码如下：

```css
.login_container .register {
    padding: 0 20px;
    overflow: hidden;
}
.login_container .register a {
    color: #3A8BFF;
}
```

其他登录方式部分只有一个居中显示的超链接。其 HTML 代码如下：

```html
<div class="other">
    <a href="#">其他方式登录&gt;</a>
```

```
</div>
```

这一部分只需要设置顶部边距，设置超链接文字颜色，修改文字对齐方式。其代码如下：

```
.login_container .other {
    margin-top: 40px;
    text-align: center;
}
.login_container .other a {
    color: #91A0B5;
}
```

8.4　知识进阶

1. CSS 精灵技术

当用户在浏览网页访问到网页中的图片时，每张图片都要向网站发送一次请求，服务器做出响应，才能将图片展现到用户的浏览器。在制作网页时，经常用到很多细碎小图，这就使得有多少小图，客户端就要向服务器发送多少次请求。这样不仅增加了服务器的负担，影响了服务器的效率，而且降低了客户端页面的加载速度。CSS 精灵技术（CSS Sprites）是将许多细碎小图集中到一张大图中，以大图作为背景图，原本各个网页元素只需要定位显示大图中不同位置上的某个小图。这样当用户访问网页时，只需要向服务器发送一次请求，通过定位就可以展现背景图中的所有小图。

CSS 精灵技术重要的实现步骤如下。

（1）将细碎小图集中到一张大图中。

（2）通过 background-image 将大图作为背景图，并设置 background-repeat:no-repeat。

（3）通过计算得出所要显示的小图在整张大图上的 X 和 Y 的坐标位置。

（4）设置网页元素的 background-position 的属性值为-X 和-Y，因为坐标（X,Y）的原点（0,0）在左上角，所以读取 X、Y 的距离均使用负值。

【例 8-1】使用精灵技术制作页面图标导航

【例 8-1】使用精灵技术制作
页面图标导航

```
<!DOCTYPE html>
<html>
    <head>
        <meta charset="UTF-8">
        <title>精灵技术</title>
        <style type="text/css">
            body,div,ul,li,p {
                margin: 0px;
                padding: 0px;
                font-size: 13px;
            }
            ul {
                list-style: none;
            }
            ul:after {
```

```
            display: block;
            content: "";
            clear: both;
        }
        .main {
            width: 348px;
            border: 1px solid #333;
            border-right-color: transparent;
            border-bottom-color: transparent;
            margin: 20px;
        }
        li {
            float: left;
            width: 55px;
            height: 60px;
            border: 1px solid #333;
            border-top-color: transparent;
            border-left-color: transparent;
            text-align: center;
            padding: 15px;
        }
        span {
            display: block;
            width: 45px;
            height: 45px;
            /* border: 1px solid red; */
            margin: auto;
            margin-bottom: 5px;
            background: url(img/icon.jpg) no-repeat;
        }
        .sp1 {
            background-position: 0px 0px;
        }
        .sp2 {
            background-position: 0px -45px;
        }
        .sp3 {
            background-position: 0px -90px;
        }
        .sp4 {
            background-position: 0px -132px;
        }
        .sp5 {
            background-position: 0px -174px;
        }
        .sp6 {
            background-position: 0px -221px;
        }
```

```
            .sp7 {
                background-position: 0px -265px;
            }
            .sp8 {
                background-position: 0px -308px;
            }
            a {
                text-decoration: none;
                color: #333;
            }
        </style>
    </head>
    <body>
        <div class="main">
            <ul>
                <li><a href="#"><span class="sp1"></span><p>珠宝配饰</p></a>
</li>
                <li><a href="#"><span class="sp2"></span><p>家装建材</p></a>
</li>
                <li><a href="#"><span class="sp3"></span><p>家居家纺</p></a>
</li>
                <li><a href="#"><span class="sp4"></span><p>百货市场</p></a>
</li>
                <li><a href="#"><span class="sp5"></span><p>汽车用品</p></a>
</li>
                <li><a href="#"><span class="sp6"></span><p>手机数码</p></a>
</li>
                <li><a href="#"><span class="sp7"></span><p>家电办公</p></a>
</li>
                <li><a href="#"><span class="sp8"></span><p>更多服务</p></a>
</li>
            </ul>
        </div>
    </body>
</html>
```

运行效果如图 8-13 所示。

图 8-13　页面图标导航的效果

2. CSS 制作三角形

CSS 被用作页面元素的美化修饰，尤其随着 CSS3 新增样式的广泛使用，使得页面更加丰富多彩、精美炫酷、变化万千。"只有想不到的，没有做不到的"，它为创新和创意提供了有力的技术支持。三角形图案的使用，为页面增加了活力。例如，在页面导航条中，当光标悬浮在某个导航条目上时，在该条目上会出现一个白色的三角形（见图 8-14），表明用户当前正在访问该条目；当光标离开时，恢复原状。

图 8-14　三角形图案的使用效果

页面中像这样的三角形，有指向各个方向的，其制作原理都是利用块结构的边框实现的。

【例 8-2】CSS 制作三角形

```
<!DOCTYPE html>
<html>
    <head>
        <meta charset="utf-8">
        <title>三角形</title>
        <style type="text/css">
            .triangle{
                width: 0px;
                height: 0px;
                border: 15px solid red;
            }
            .up{
            /* 制作朝上指向的三角形，将上边框、左边框、右边框的颜色都设置成透明色，只
留下边框的颜色 */
                border-top-color: transparent;
                border-left-color: transparent;
                border-right-color: transparent;
            }
            .right{
            /* 制作朝右指向的三角形，将上边框、下边框、右边框的颜色都设置成透明色，只
留左边框的颜色 */
                border-top-color: transparent;
                border-bottom-color: transparent;
                border-right-color: transparent;
            }
        </style>
    </head>
    <body>
        <div class="triangle">
        <!-- 上、下、左、右边框全部显示 -->
        </div>
```

```
        <div class="triangle up">
        <!-- 方向朝上指向的三角形 -->
        </div>
        <div class="triangle right">
        <!-- 方向朝右指向的三角形 -->
        </div>
    </body>
</html>
```

运行效果如图 8-15 所示。

图 8-15　CSS 制作三角形的效果

8.5　小结

本模块学习了几个企业级典型的整体页面和页面版块的设计、开发。通过真实网站的生产性演练，旨在使学习者在遇到问题时能够独立思考，熟练、灵活地应用 HTML 和 CSS 等前端开发技术解决实际问题，具体内容如下。

1．根据网站的功能和展示的内容，制定整体布局方案。

2．在页面细节设计中每个小单元内的结构设计，嵌套列表<ul>的方式是常用的解决方案。

3．在定义页面样式时，首先定义样式重置和一些全局 CSS 样式的统一定义。

4．在页面元素布局时，通过浮动和定位技术等，能精准定位页面元素结构，采用"子绝父相"的定位原则。

5．整张页面制作，首先整体布局分析页面结构，应用 HTML 铺出页面结构，然后从上到下、从左到右、从外到里逐层定义、逐块细化。

6．通过综合项目制作开发过程的讲解，使学习者逐渐积累开发经验和开发技巧。

8.6　实训任务

【实训目的】

1．熟练掌握页面中浮动和定位的使用方法；

2．掌握页面中典型的特殊元素的制作修饰方法；

3．掌握复杂页面的实现技巧。

【实训内容】

 实训任务 1：CSS 精灵技术制作导航条

【任务描述】

页面中 CSS 精灵技术解决了多次向服务器发送请求的问题，减轻了服务器负担，同时提高了客户端访问效率。本任务应用 CSS 精灵技术制作页面的导航条，页面运行效果如图 8-16 所示。

图 8-16　CSS 精灵技术制作导航条的效果

【实训任务指导】

1．首先将几张细碎小图制作成一张大图。

2．将这张大图作为背景图，并设置平铺属性为不重复。

3．在小图显示的各自导航条目处，设置大图的 background-position 属性，定位读取相应的小图。

任务 1 实现的主要代码如下。

其中 HTML 文件代码如下：

```
<!DOCTYPE html>
<html>
    <head>
        <meta charset="utf-8">
        <title>CSS 精灵技术制作导航条</title>
        <link rel="stylesheet" type="text/css" href="css/exe81.css"/>
    </head>
    <body>
        <div class="top">
            <ul>
                <li><a href="#"><i class="sp1"></i>首页</a></li>
                <li><a href="#"><i class="sp2"></i>在线直播</a></li>
                <li><a href="#"><i class="sp3"></i>课程回放</a></li>
                <li><a href="#"><i class="sp4"></i>作业</a></li>
                <li><a href="#"><i class="sp5"></i>讨论区</a></li>
            </ul>
        </div>
    </body>
</html>
```

其中 exe81.css 文件代码如下：

```
body,div,img,ul,li{
    margin: 0px;
    padding: 0px;
}
ul{
    list-style: none;
}
a{
    text-decoration: none;
    color: white;
}
```

```css
.top{
    width: 100%;
    height: 80px;
    /* 设置背景渐变色 */
    background-image: -webkit-linear-gradient(left,#2C2465 15%,#BB43E8 60%);
    color: white;
    font-size: 20px;
    line-height: 80px;
    padding-left: 20px;
    position: fixed;
    z-index: 999;
}
.top ul{
    margin-top: 30px;
    margin-left: 50px;
    position: relative;
}
.top li{
    float: left;
    margin-right: 30px;
    /*border: 1px solid white;*/
    height: 20px;
    line-height: 20px;
}
.top li a{
    display: inline-block;
    color: white;
}
.top i{
    display: inline-block;
    /*border: 1px solid red;*/
    margin-right: 8px;
    background: url(…/img/icon.png) no-repeat 0px 0px;
    vertical-align: middle;
}
.top .sp1{
    width: 20px;
    height: 20px;
    background-position: -22px 0px;
    margin-top: -2px;
}
.top .sp2{
    width: 20px;
    height: 18px;
    background-position: -22px -63px;
}
.top .sp3{
    width: 20px;
```

```
    height: 20px;
    background-position: -20px -40px;
    margin-top: -6px;
}
.top .sp4{
    width: 22px;
    height: 24px;
    margin-top: -4px;
    background-position: -40px -292px;
}
.top .sp5{
    width: 15px;
    height: 20px;
    background-position: -20px -81px;
}
```

实训任务 2：CSS 制作图文版块中的三角形

【任务描述】

本任务旨在使学习者掌握网页中使用 CSS 制作三角形的实际应用。在本任务图文版块中，每张图片上都有一个指向的白色三角形，这些三角形应用 CSS 的 border 技术制作而成，技术精巧，页面效果图如图 8-17 所示。

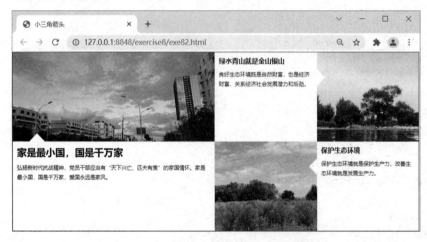

图 8-17　图文版块中的三角形的效果

【实训任务指导】

1. 首先进行页面布局设计分析，整张网页为左右结构，左侧包括大图和下方文字说明；右侧包括上下两部分图文。

2. 页面图文版块的整体布局采用定义列表<dl></dl>布局技术，左侧大图和下方文字说明由<dt></dt>标记承载，右侧上方的图文和下方的图文，分别使用两个<dd></dd>标记承载。

3. 页面中不同朝向的 3 个白色三角形，使用<em></em>标记，设置标记的宽度和高度都为 0px。具体朝向通过边框 border 属性巧妙实现。

任务 2 实现的主要代码如下。

其中 HTML 文件代码如下：

```html
<!DOCTYPE html>
<html>
    <head>
        <meta charset="utf-8">
        <title>小三角箭头</title>
        <link rel="stylesheet" type="text/css" href="css/common.css" />
        <link rel="stylesheet" type="text/css" href="css/exe82.css" />
    </head>
    <body>
        <div class="main">
            <dl class="clr">
                <dt class="fl">
                    <img src="img/pic1.JPG">
                    <div class="intro">
                        <em class="arrow_up">
                            <!-- 小三角 -->
                        </em>
                        <h2>家是最小国，国是千万家</h2>
                        <p>弘扬新时代抗战精神，党员干部应当有"天下兴亡、匹夫有责"
的家国情怀。家是最小国，国是千万家，爱国永远是家风。</p>
                    </div>
                </dt>
                <dd class="fr clr">
                    <img src="img/pic2.JPG" class="fr">
                    <div class="intro intro_right fl">
                        <em class="arrow_right">
                            <!-- 小三角 -->
                        </em>
                        <h4>绿水青山就是金山银山</h4>
                        <p>良好生态环境既是自然财富，也是经济财富，关系经济社会发展
潜力和后劲。</p>
                    </div>
                </dd>
                <dd class="fr clr">
                    <img src="img/pic3.JPG" class="fl">
                    <div class="intro intro_right fr">
                        <em class="arrow_left">
                            <!-- 小三角 -->
                        </em>
                        <h4>保护生态环境</h4>
                        <p>保护生态环境就是保护生产力，改善生态环境就是发展生产力。
</p>
                    </div>
                </dd>
            </dl>
```

```
        </div>
    </body>
</html>
```

其中 common.css 文件代码如下：

```css
body,dl,dt,dd,h1,h2,h3,h4,p{
    margin: 0px;
    padding: 0px;
}
ul{
    list-style: none;
}
a{
    text-decoration: none;
    color: #333;
}
.fl{
    float: left;
}
.fr{
    float: right;
}
.clr::after{
    content: "";
    display: block;
    clear: both;
}
img{
    vertical-align: middle;
}
body {
    background-color: #F5F5F5;
}
h2,
h4 {
    margin-bottom: 10px;
}
```

其中 exe82.css 文件代码如下：

```css
.main {
    width: 1000px;
    height: 430px;
    border: 1px solid red;
}
dt,
dd {
    width: 500px;
}
```

```css
.intro {
    height: 215px;
    box-sizing: border-box;
    background-color: white;
    padding: 10px;
    position: relative;
}
.intro_right {
    width: 250px;
}
.main p {
    font-size: 13px;
    line-height: 180%;
}
em {
    content: "";
    display: block;
    width: 0px;
    height: 0px;
    position: absolute;
    border: 20px solid white;
}
em.arrow_up {
    top: -40px;
    left: 40px;
    border-left-color: transparent;
    border-right-color: transparent;
    border-top-color: transparent;
}
em.arrow_right {
    top: 40px;
    right: -40px;
    border-right-color: transparent;
    border-top-color: transparent;
    border-bottom-color: transparent;
}
em.arrow_left {
    top: 40px;
    left: -40px;
    border-left-color: transparent;
    border-top-color: transparent;
    border-bottom-color: transparent;
}
```

参考文献

[1] 谭志彬. Web 前端开发（初级 上册）. 北京：电子工业出版社，2019.

[2] 黑马程序员. HTML5+CSS3 网页设计与制作. 北京：人民邮电出版社，2020.

[3] 郑娅峰，张永强. 网页设计与开发——HTML,CSS,JavaScript 实例教程. 第 3 版. 北京：清华大学出版社，2016.

[4] 张颖. Web 前端开发基础入门 微课视频版. 北京：清华大学出版社，2021.

[5] 周文洁. HTML5 网页前端设计. 第 2 版. 北京：清华大学出版社，2021.

[6] 卢淑萍，叶玫，曹利，等. JavaScript 与 jQuery 实战教程. 第 2 版. 北京：清华大学出版社，2019.